暴雨洪涝预报与风险评估

章国材 等 著

气象出版社
China Meteorological Press

内容简介

本书分为两编：上编从灾害的定义出发，首先介绍了如何进行灾害风险识别，确定产生气象灾害的临界气象条件，然后基于气象灾害的预报分析了灾害影响范围，评估受灾害影响的承灾体数量和价值量以及可能造成的损失；下编为方法实践编，介绍了有关省中小河流洪水、山洪和广州市城市内涝预报和灾害风险评估方法。

本书可供从事气象、水文、地质的科技人员和防灾减灾的有关部门参考。

图书在版编目(CIP)数据

暴雨洪涝预报与风险评估 / 章国材等著. —北京：气象出版社，2012.7
ISBN 978-7-5029-5532-8

Ⅰ. ①暴…　Ⅱ. ①章…　Ⅲ. ①暴雨洪水－气象预报②暴雨洪水－风险评价　Ⅳ. ①P426.616

中国版本图书馆 CIP 数据核字(2012)第 153660 号

Baoyu Honglao Yubao yu Fengxian Pinggu

暴雨洪涝预报与风险评估

章国材 等 著

出版发行：气象出版社	
地　　址：北京市海淀区中关村南大街 46 号	**邮政编码**：100081
总 编 室：010-68407112	**发 行 部**：010-68409198
网　　址：http://www.cmp.cma.gov.cn	**E-mail**：qxcbs@cma.gov.cn
责任编辑：李太宇	**终　　审**：章澄昌
封面设计：博雅思企划	**责任技编**：吴庭芳
印　　刷：北京中新伟业印刷有限公司	
开　　本：787 mm×1092 mm　1/16	**印　　张**：10.5
字　　数：280 千字	
版　　次：2012 年 8 月第 1 版	**印　　次**：2012 年 8 月第 1 次印刷
印　　数：1～2000 册	**定　　价**：35.00 元

序

受我国特殊的自然地理、地貌地质和气候变化影响，暴雨诱发并呈现多发、频发、重发趋势的中小河流洪水、山洪、地质灾害和城市内涝，已成为我国洪涝灾害损失的主体。据统计，全国流域面积在 200 km² 以上有防洪任务的中小河流有 9000 多条，初步查明的山洪沟约 1.98 万条，滑坡、崩塌、地面塌陷灾害隐患点约 20 万处。近年来，每年由中小河流洪水和山洪、地质灾害造成的损失约占全国洪涝灾害造成损失的 70%，伤亡人数的 80%。

党中央、国务院高度重视中小河流治理和山洪地质灾害防治的气象保障服务工作。2010 年，国务院《关于切实加强中小河流治理和山洪地质灾害防治的若干意见》指出，气象部门要完善暴雨实时监测预报预警及信息发布系统。2011 年，国务院《关于加强地质灾害防治工作的决定》强调，加密部署气象、水文、地质灾害等专业监测设备，加强监测预报，确保及时发现险情、及时发出预警。2012 年，国家发展和改革委员会印发的《全国中小河流治理和病险水库除险加固、山洪地质灾害防御和综合治理总体规划》，对山洪地质灾害防治气象保障工程建设提出了总体要求。

为提高中小流域治理和山洪地质灾害防治气象保障服务能力，把党中央国务院对中小河流治理和山洪地质灾害防治气象保障服务工作有关要求真正落到实处，2011 年，中国气象局组织安徽、江西、福建、湖北、广东五省气象局开展了暴雨洪涝灾害风险评估业务试点。在中国气象局应急减灾与公共服务司的组织领导下，经试点技术顾问章国材研究员的精心指导和试点省气象局的共同努力，暴雨洪涝灾害风险评估业务试点取得了显著成效。在试点工作中，研究了各种实用的确定中小河流洪水、山洪、城市内涝致灾临界降水量的计算方法，引进和自主研发了洪水淹没模型，实现了实时动态模拟洪水的淹没范围和水深，初步建立了试验区基于 GIS 的承灾体数据库，开发了基于致灾临界气象条件和面向实时气象防灾减灾的气象灾害风险评估技术，建立了以 GIS 为平台的气象灾害风险评估业务系统，实现了在中小河流洪水、山洪、城市内涝不同风险等级下，对各种承灾体数量影响的评估，为中小河流洪水、山洪、城市内涝风险评估提供了系统的技术和方法，有力地推进了全国气象灾害风险评估业务快速发展。

该书系统地总结了试点工作取得的技术成果。全书分为上、下两编。上编为理论篇，阐述了气象灾害及其风险的定义及数学表达式，对国内外风险评估模型进行了理论和实用评价；研究了致灾临界气象条件和确定方法，并根据试点成果，系统介绍了确定山洪、河流洪水、城市内涝临界（面）雨量的统计方法和水文模型方法。该书还研究了两类可以用于实时防灾减灾的气象灾害风险评估方法：一类是基于气象灾害预报和承灾体易损性的风险评估；另一类是基于气象灾害预报和历史灾损资料的风险评估。下编为方法和实践篇，介绍了在有水文资料和无水文资料情况下，确定山洪临界面雨量的不同方法；介绍了应用回归模型、聚类模型和神经网络等统计方法和水文模型确定河流雨—洪的方法，阐述了应用淹没模型进行山洪和河流洪水风险评估的技术；介绍了确定城市内涝临界雨量的统计方法和城市内涝模型方法，并给出了利用统计和内涝模型进行城市内涝风险评估的方法。本书介绍的研究成界既是开创性的，又具有很强的实用价值；既可以成为气象部门的培训教材，又是灾害风险研究者重要的参考书。

今年，中国气象局启动了暴雨诱发中小流域洪水和山洪地质灾害气象风险预警服务试验业务。此项试验业务是在综合利用去年全国暴雨洪涝风险评估业务试点以及中小河流防汛和山洪地质灾害防治精细化气象预报业务成果基础上开展的。希望该书的出版有助于推动暴雨诱发中小流域洪水和山洪地质灾害气象风险预警服务试验业务的实施，推动气象部门由灾害性天气预报向气象灾害风险评估的拓展，推动气象部门由过去只关注气象灾害的自然属性向关注气象灾害的自然属性和社会属性转变，推动气象部门的气象灾害风险管理工作。

（中国气象局副局长）

2012 年 7 月

前　　言

经过几十年的建设，我国大江大河已经具有很强的防洪能力，但是中小河流洪水，特别是山洪、地质灾害每年都造成一些人员伤亡，对人民生命财产构成重大威胁。洪水和绝大多数地质灾害都是由降水引发的，为了防御这些灾害，除了进一步提高降雨预报准确率之外，开展暴雨洪涝风险评估十分重要。下多大的雨才会产生灾害？灾害对人类社会可能会产生什么影响？是否会对人的生命构成威胁？这些便是风险评估的主要内容。

由于国内外的学者对于自然灾害风险的理解和研究目的不同，造成了自然灾害风险表达式、评估模型、指标和方法各异，对风险区划亦是如此。其中不少风险表达式、评估模型和方法不能达到以上目的，不能用于防灾减灾。为了使风险评估和区划能真正用于防灾减灾工作，推动全国气象灾害风险评估和区划业务工作的开展，促使作者曾于 2010 年 1 月出版了《气象灾害风险评估与区划方法》（气象出版社，2010）。该书从识别可能出现的风险出发，研究了自然灾害风险数学表达式和能用于实时防灾减灾的气象灾害风险评估和区划方法。例如，提出了识别风险（确定致灾临界气象条件）的统计分析法、物理模型法、数值模拟法和实验模拟法等方法，研究了在致灾临界气象条件预报基础上的两种风险评估方法：基于当前承灾体脆弱性和基于历史灾损资料的风险评估方法。

2011 年，国家发展和改革委员会批准的《山洪地质灾害防治气象保障工程》，对中小河流洪水、山洪、地质灾害预报和风险评估提出了很高的要求，迫切需要在《气象灾害风险评估与区划方法》的基础上细化中小河流洪水、山洪、地质灾害预报和风险评估可操作性的方法。2011 年，中国气象局组织安徽、江西、福建、湖北、广东五省气象局开展了暴雨洪涝灾害风险评估业务试点，江西、福建负责山洪风险评估试点，湖北、安徽负责中小河流洪涝风险评估试点，广东负责城市内涝风险评估试点。在中国气象局应急减灾与公共服务司强有力的组织领导下，我与这些省的业务技术人员开展了卓有成效的合作，从统一思路到研发具体的方法进行了详尽的讨论，形成了一整套确定暴雨洪涝致灾临界（面）雨量和风险评估的技术和方法。尤其值得称道的是，武汉区域气候中心与中国地质大学合作，自主研发了暴雨洪涝淹没模型，为开展河流洪水、山洪和城市内涝预报和风险评估奠定了技术基础。

　　本书是我们共同研究的成果，分为理论编和实践编。理论编由我撰写，其中第3和第4章的很多内容是试点成果的总结。下编第5、6、8、9、10章收录了有关试点省研究成果的学术论文。贵州省气象局虽然不是中国气象局应急减灾与公共服务司的试点单位，但却是中国气象局预报与网络司"中小河流防汛和山洪地质灾害防治精细化气象预报业务"的试点单位，我们也将他们的有关研究论文收入本书第7章。

　　书中不妥之处请参加试点工作的同志和读者指出。在此，我对参加试点工作的同志对本书所做的贡献表示衷心的感谢，也祝愿他们在未来暴雨洪涝预报和风险评估业务中取得好成绩，为气象防灾减灾做出新贡献。

章国材

2012年5月

目 录

下编 方法和实践篇

上编 理论篇

　　气象灾害风险评估是气象防灾减灾工作的重要组成部分。虽然自然灾害风险评估从 20 世纪 30 年代就开始了，也取得了一些成果，但在评估理论、模型、指标和方法上学术界并未达成完全的共识：一是将灾害与风险混为一谈；二是对风险定义、风险度的表达式和评估模型，学术界也有多种的理解。

　　因此，开展气象灾害风险评估业务，首先必须明确风险评估的目的。很显然，风险评估的出发点和归宿是如何减少自然灾害对人民生命财产和社会经济效益的破坏和损害。具体来说，风险评估是为了预防风险，我们需要的是能用于气象防灾减灾的风险评估方法，而不是其他方法；需要回答何种灾害在何时、何地、以何种规模发生，对某地或某区域有可能发生的风险是什么，找出引起这些风险的原因，只有这样才能对自然灾害早期预警，并提出防御措施，即提出把损失控制在最低限度的具体有效对策。

　　本编从灾害的定义出发，先介绍灾害风险识别方法，确定产生气象灾害的临界气象条件，然后在气象灾害预报的基础上分析灾害影响范围，评估受灾害影响的承灾体数量和价值量以及可能造成的损失。事实证明，这种思路和方法不仅能够科学回答风险的来源，而且能够用于实时气象防灾减灾。

1 气象灾害

在讨论气象灾害风险之前,有必要首先弄清楚什么是气象灾害。目前仍有不少人将气象灾害与灾害性天气混为一谈,也分不清气象灾害、次生灾害和衍生灾害。本章先从自然灾害的定义入手进行讨论。

1.1 自然灾害

自然灾害的定义有多种:

(1)自然灾害是与自然现象有关的灾害;

(2)自然灾害,指自然界中所发生的异常现象,这种异常现象给周围的生物直接造成悲剧性的后果,相对于人类社会而言即构成灾难;

(3)自然灾害是由自然危险导致的灾害;

(4)自然灾害是能够直接造成灾难性后果的任何自然事件或力量;

(5)自然灾害是指自然界中发生的、能够直接造成生命伤亡与人类社会财产损失的事件。

上述定义中的第 1 和第 3 种定义并未真正说清楚自然灾害是什么,因为这两个定义本身并未对灾害进行定义。在第 3 种定义中虽然增加了"自然危险",却未对危险性进行定义,因此这两种定义不能称之为真正定义。其他三种定义虽然用词各异,但是意思是基本相同的,它们都包含两个要素:自然灾害是自然事件,这个自然事件能够直接造成生命伤亡和人类社会财产损失。第 2 种定义还将这种影响扩展到生物界。本书取第 5 种定义,即只考虑对人类社会的影响。

1.2 气象灾害含义

气象灾害是自然灾害的一种,而且是全球发生面最广、出现最频繁的自然灾害,是由气象条件引发的灾害。那么,灾害性天气与气象灾害又有什么关系呢? 按照自然灾害的定义,灾害性天气显然是自然事件,因此它们符合自然灾害的第一要素的要求。另外,大多数灾害性天气都能够直接造成生命伤亡与人类社会财产损失。例如,大风都能够对一些建筑物和船舶等直接产生破坏作用,风力越大破坏力越大。冰雹会砸伤人、畜,砸坏车辆、建筑物等。浓雾、沙尘暴对交通安全造成巨大威胁,沙尘暴还对人畜、精密仪器有不利的影响。雷击已经成为造成人员死亡的主要杀手,大雪和道路结冰造成交通堵塞,冻雨导致架空输电线结冰,架空输电线覆冰厚度超过设计标准时会造成输电线断线。霜冻对农业生产都有不利的影响,干热风使小麦产量下降,雪崩常造成登山和滑雪人员的伤亡,霾对人体健康有害等等。这些影响都是直接的,因此,气象学上定义的这些灾害性天气都应当是气象灾害。

　　但是,气象上定义的有些灾害性天气并非气象灾害。例如,暴雨虽然是非常重要的灾害性天气,但是暴雨并不一定会直接造成生命伤亡和人类社会财产损失,暴雨造成的灾害是通过暴雨引起的次生灾害产生的,暴雨引起的次生灾害很多,例如洪涝、地质灾害等。除此而外,24小时累积降水达到 50 mm 在我国南方绝大多数地方并不会造成灾害,但是在北方地质条件和生态环境差的地方,小于 50 mm 的降雨量也可能引发地质灾害或山洪。即使是在南方,当河流达到保证水位之后,流域面雨量小于 50 mm 也会引发洪水。因此,严格讲暴雨并非气象灾害。又如,气象上定义高温为日最高气温大于等于 35℃,但它不一定产生灾害;农业上的高温灾害对不同农作物的不同生育期其温度阈值都是不一样的。低温灾害亦有同样的问题。因此,气象上定义的高温和低温都不是气象灾害。

　　另外,干旱不是灾害性天气,但是重要的气象灾害,它是由长期降水少引起的。干旱可分为气象干旱、农业干旱和水文干旱。气象干旱也称大气干旱,根据气象干旱等级的中华人民共和国国家标准,气象干旱是指某时段内,由于蒸发量和降水量的收支不平衡,水分支出大于水分收入而造成的水分短缺现象。气象干旱通常主要以降水的短缺作为指标。由于气象干旱并不与承灾体的脆弱性挂钩,气象干旱并非真正的气象灾害。农业干旱对不同农作物的不同生育期,其干旱指标都是不一样的,水文干旱对于不同河流也是不一样的,每种干旱的指标都很复杂,都需要进行系统的研究才能得到正确有用的结果。另外,农业气象灾害、生态气象灾害也是气象灾害,但不是灾害性天气。

　　总之,我们把由于气象原因能够直接造成生命伤亡与人类社会财产损失的灾害称之为狭义的气象灾害,它们是原生灾害。灾害性天气并非都是气象灾害,一些气象灾害也不是灾害性天气,不能把灾害性天气与气象灾害混为一谈。

　　自然灾害是在由自然系统和人类社会系统组合成的高度复杂系统中发现的现象,所以,一种自然事件或力量常常会导致另一种自然事件或力量的出现。当一种自然事件导致另一种自然灾害事件出现时,我们将后一种自然灾害称之为次生灾害。

　　由气象原因引发的次生灾害有地质灾害,江河洪水、山洪、城市暴发性洪水、积(渍)涝,海浪和风暴潮等海洋灾害,森林和草原火灾,空气污染,农林病虫害等。这些灾害由于与气象条件关系十分密切,离开致灾气象条件的分析和研究,不可能得到这些灾害的风险,因此,我们把由气象原因引发的次生灾害称为广义的气象灾害,也应当成为气象灾害风险评估业务的内容。

　　衍生灾害既不是原生的,也不是次生的,而是通过灾害链的传递产生的灾害。例如地震诱发的崩塌、滑坡、海啸是次生灾害。但是地震发生后,如果处置不当,灾区还可能出现瘟疫、饥饿、社会动乱、人群心理创伤等社会性灾害,它们不是次生灾害而是衍生灾害。衍生灾害暂时不宜列入气象灾害风险评估业务的内容。

　　自然灾害按其属性又可以分为突发性灾害和缓变性灾害。突变性灾害有火山爆发、地震、滑坡、泥石流、风灾、雹灾、洪水等,缓变性灾害有干旱、土壤侵蚀、地面沉降、荒漠化、岩漠化、海平面上升等。缓变灾害发展至一定危险度后又可诱发突发性灾害,例如二氧化碳等温室气体增加引起的气候变暖,当二氧化碳等温室气体的浓度积累到某个临界浓度后,可能引起气候态的突变,从而造成自然灾害的强度和分布发生重大变化。

1.3 气象灾害等级划分原则

气象上对灾害性天气等级的划分完全是为了观测和预报的需要,这些等级并不与实际发生的气象灾害的等级有任何联系。前面已经指出暴雨的等级与灾害是否发生无关。又如雾的等级划分也存在同样的问题,在高速公路上,能见度小于 200 m 时汽车必须限速,能见度小于等于 50 m 高速公路关闭。但是,在以前的气象观测规范中却没有能见度为 50 m 这个等级,造成能见度观测历史资料欠缺能见度为 50 m 这个重要的资料,给雾的风险区划带来困难;好在安装了能见度自动观测仪的地方,可以得到各种能见度的观测资料,为雾的预报和风险评估奠定了基础。

更为重要的是,自然灾害是自然力超出人类社会(承灾体)承载力时发生的事件,因为不同承灾体的易损性是不同的,因此,对于不同的承灾体,致灾的自然力的阈值是不同的。就气象灾害而言,对于不同的承灾体,致灾的临界气象条件是不同的。因此,不宜把灾害性天气等级作为气象灾害等级的划分标准。那么应当如何划分气象灾害的等级?划分气象灾害等级的原则是什么呢?划分气象灾害等级只有一个原则:致灾原则。即根据可能发生的灾害的严重程度划分灾害的等级。对于气象灾害而言,即出现某个等级的气象条件便会出现这个等级的灾害。

例如风力的分级应当根据船、车、房屋可以承受的风力来确定,浪的等级应当根据船舶和防浪堤的防风浪能力进行划分,能见度等级应当根据内河航运和高速公路管理的需要来确定等级,农业气象灾害等级应当根据对农作物的损害程度来确定。还有一些对人工工程造成损害的气象灾害,应当根据工程设计标准去研究致灾临界气象条件,并将得到的致灾临界气象条件作为气象灾害的标准,例如电线覆冰的等级划分应当根据电力部门的设计标准确定,雪压的分级应当根据设施农业的设计标准来确定等等。这样划分的好处是气象灾害的等级与气象灾害预报的等级和风险评估紧密挂钩,当预报某等级气象条件出现时,就可能出现某种灾害。例如,预报最低气温低于 $-7℃/-9℃/-11℃$ 时,柑橘就可能出现轻度/中度/重度冻害,这便将天气预报转化为灾害预报了。

对于山洪灾害,可以山洪的影响程度划分山洪的等级,例如,可以粗略地将山洪划分为三个等级:洪水漫出山洪沟为低风险等级、淹没农田为中风险等级、淹没村镇为高风险等级。城市积涝应当根据积涝对交通、商业和住宅、车库等不同承灾体的影响程度划分等级(见下面(3))。水文部门对流域洪水是按照水位高低和流量大小来划分洪水等级的,但是,只要没有溃堤,即使水位达到保证水位也不会产生灾害,我们要做的工作实际上是洪水漫堤的预报和风险评估;洪水未漫堤而垮坝具有很大的不确定性,只能通过监测管涌等隐患来做决口的临近和短时预报,此时的风险评估则是根据缺口时的流量模拟洪水淹没的范围和水深。

以灾损程度划分自然灾害等级是一种常用的方法,应急预案中灾害等级的划分便是这种思路。以灾损资料划分灾害等级的最大问题是灾损资料时间序列不是平稳马尔科夫过程。这是容易理解的,我国改革开放 30 年来,经济快速发展,同样强度的自然灾害造成的经济损失绝对值大大增加了,同时防灾抗灾能力也大大增强了,因此,以经济损失划分灾害等级必须进行有关的订正。

下面我们举几个气象灾害等级划分的例子。

(1)能见度灾害等级划分

表 1.1　能见度灾害等级

能见度灾害等级	Ⅰ级	Ⅱ级	Ⅲ级	Ⅳ
能见度/m	201～500	101～200	51～100	≤50
影响和措施	车辆时速不要超过 80 km，跟车距离在 150 m 以上；对港区船舶和进出船舶有影响；客轮停航	车辆时速不超过 60 km，跟车距离要在 100 m 以上；船舶停止进出港口	车辆时速不能超过 40 km，跟车距离 50 m 以上	高速公路封闭

(2)风灾等级划分

根据山东省人民政府 1990 年发布的"山东省海洋渔业安全生产管理规定"和中华人民共和国江苏海事局 2002 年发布的"水上防风管理规定（试行）"，风灾等级规定如下：

表 1.2　水上风灾等级

风灾等级	Ⅰ级	Ⅱ级	Ⅲ级	Ⅳ级	其他
风力/级	5	6	7	8	调查确定
影响和措施	挂机渔船和木帆渔船不得出海	60 马力以下渔业船舶不得出海；内河：抗风能力小于 6 级的船舶（队）应及早选择安全地段避风	400 马力以下渔业船舶不得出海；内河：小型船舶（队）停止航行，进入夹江、河口、港池避风；禁止小型船舶（队）出闸入江	所有渔业船舶均不得出海；内河：除担任巡逻、抢险或经主管机关特许的船舶可以航行外，其他船舶一律停航	依房屋、设施农业、广告牌、临时搭建物实际防风能力而定

表 1.2 中水上风力等级虽然与气象观测规范相同，但是因为它与不同马力的船舶（承灾体）的防风能力联系起来了，赋予了它新的含义，便成为水上风灾等级了。

(3)城市内涝等级划分

根据内涝对交通等承灾体的影响，将城市积涝按积水深度分为三个等级。

表 1.3　城市积涝等级标准

承灾体	城市内涝等级	低风险	中风险	高风险
交通要道	积水深度	5～20 cm	20～60 cm	>60 cm
	灾害影响	机动车尚可行使，但行车缓慢，影响道路交通畅通	交通部分阻断，小车无法通行	交通完全阻断
商业、居民社区	积水深度	5～20 cm	20～60 cm	>60 cm
	灾害影响	影响居民生活，可能造成财产损失	影响居民生活，造成部分财产损失	严重影响居民生活，造成较严重财产损失
地上、地下车库	积水深度	5～25 cm	25～60 cm	>60 cm
	灾害影响	对部分排气管较低车型可能影响	水浸超过排气管高度，对发动机可能有影响，车厢内可能进水	水浸高度超过进气口，发动机进水，车厢浸泡

（4）温州密橘冻害等级划分

根据日最低气温对温州密橘的伤害程度划分其冻害等级。

表 1.4　温州密橘冻害等级

冻害等级	轻度	中度	重度
日最低气温 T_{min} /℃	$-9 < T_{min} \leqslant -7$	$-11 < T_{min} \leqslant -9$	$T_{min} \leqslant -11$
影响	出现枝条因冻干枯	枝条因冻严重干枯	植株因冻死亡

2 自然灾害风险

"风险"一词的英文是"Risk",来源于古意大利语"Riscare",意为"Todare"（敢）,其实指的就是冒险,是利益相关者的主动行为。现代"风险"一词已不具有"冒险"的意义了。关于风险的讨论,在西方最早可见于 19 世纪末的经济学研究中,美国学者 J. Haynes 在其 1895 年所著的 Risk as an Economic Factor 一书中认为:风险意味着损害的可能性。

2.1 自然灾害风险定义

何为自然灾害的风险? 不同的学科背景或不同的研究角度常有不同的理解,正如美国风险学会(1981 年)所述,这些理解不太可能取得完全统一。韦伯字典(1989)对风险的定义是面临着伤害或损失的可能性;保险业则定义为危害或损失的可能性;环境问题定义风险为未来对人类社会造成不利影响的程度;Wilson(1987)认为风险的本质是不确定性,风险定义为期望值;联合国人道主义事务局,在其 1991 年出版的名为《减轻自然灾害:现象、效果和选择》的著作中提到,自然灾害风险是特定地区在特定的时间内由于灾害的打击所造成的人员伤亡、财产破坏和经济活动中断的预期损失。

虽然对于"风险"目前并没有统一的严格定义,以上定义用词各异,但是其基本意义是相同或相近的,其中都包含有类似的关键词:"损失"的"可能性（期望值）"。风险评估实际上就是要评估灾害可能造成的损失,是灾害对人类社会的一种可能的影响。

我们采用 SwissRe(2005)公布的词汇表中对风险下的定义:"真实世界损失可能性的一种状态"。它是一种可能性的状态,而不是真实发生的一种状况,由于人类防灾能力和实施防灾措施的不同,这种可能性的状态可能发生也可能不发生或部分发生;损失可能是期望值,也可能是低于期望值甚至没有任何损失。既然自然灾害风险有很大的不确定性,对于自然灾害风险,最好用风险评估而不要用风险预报这样的用语。

2.2 与灾害风险有关的因素

从系统论角度应该如何理解灾害风险呢? Bertalanffy(1965)的一般系统理论认为,任何系统,不管它是人造的还是自然的,必须从系统的组成、结构、过程、状态和功能等 5 个方面进行全面分析研究。

我们先来分析灾害风险系统的组成和结构,从最上层分析,对于灾害风险系统,第一,必须存在风险源(致灾因子),即存在自然灾变;第二,必须有风险承载体(承灾体),即人类社会,自然灾害是自然力作用于承灾体的结果。

2.2.1 风险源及其危险性

风险产生和存在与否的第一个必要条件是要有风险源。自然灾害风险中的风险源是可能发生的自然灾变。风险源不但在根本上决定某种灾害风险是否存在，而且还决定着该种风险的大小。当自然界中的一种异常过程或超常变化达到某个临界值时，风险便可能发生。这种过程或变化的频度越大，那么它给人类社会经济系统造成破坏的可能性就越大；过程或变化的超常程度越大，它对人类社会经济系统造成的破坏就可能越强烈；因此，人类社会经济系统承受的来自该风险源的灾害风险就可能越高。在学术界，风险源的这种性质，通常用风险源的危险性来描述，如地震的危险性、洪涝的危险性、泥石流的危险性等。风险源的危险性是对风险源的灾变可能性和变异强度两方面因素的综合度量，因此，风险源危险性的高低通常可用下式表达：

$$H = f(M, P) \tag{2.1}$$

式中：H—Hazard，风险源的危险性；M—Magnitude，风险源的变异强度；P—Possibility，自然灾变发生的概率。

一般地，风险源的变异强度越大、发生灾变的可能性越大或灾变发生的频度越高，则该风险源的危险性越高。

2.2.2 承灾体及其易损性

有风险源并不意味着风险就一定存在，因为风险是相对于行为主体——人类及其社会经济活动而言的，只有某风险源有可能危害某风险载体后，风险承担者相对于该风险源才具有灾害风险。

对于风险形成来说，风险载体不仅决定了某种灾害风险是否存在，而且风险载体的性质还决定着灾害风险的形式和大小。风险载体对灾害的响应首先体现在其相对于某种风险源而具有的灾害脆弱性水平上。在国外，风险载体的灾害脆弱性（或承灾体的灾害脆弱性，下同）被定义为"Vulnerability"，且通常被理解为风险载体对破坏或损害的敏感性（Susceptibility）或它被灾害事件破坏的可能性（Possibility）；在国内，不同研究者或不同专业领域对"Vulnerability"的提法则不尽相同。我们采用联合国人道主义事物部（1991 年）在灾害风险定义中使用的名称——"承灾体易损性"。

自然灾害对承灾体的作用显然是非线性的，因此自然灾害风险（R）是自然灾害的危险性（h）和承灾体的易损性（v）的非线性函数：

$$R = f(h, v) \tag{2.2}$$

进一步分析，既然自然灾害风险是自然力作用于承灾体的结果，因此暴露在自然灾害中的承灾体的量（数量和价值量，学术界称其为物理暴露）及承灾体的脆弱性便构成了承灾体易损性的两个上层基本要件。

物理暴露是指暴露在自然灾害之下的人口、房屋、室内财产、农田、基础设施等的数量和价值量。社会发展造成了人口分布、经济发展程度、财产密度及物价的变动等，人口和财产密度越大，暴露于灾害中的数量和价值量越多，自然灾害的风险就越大。同样强度的灾害，人口、财产密集区产生的灾害就越大；经济越发达，自然灾害造成损失的绝对值便越大。因此，城市便成为防灾减灾的重点区。

承灾体的脆弱性是指风险载体受自然灾变破坏的可能性和对这种破坏或损害的脆弱性，是风险载体一旦遭受自然灾变打击时所表现出来的可能受到的影响和破坏的一种度量。很显然，不同的承灾体其脆弱性是不同的。

风险载体的脆弱性水平是影响灾害风险大小的基本因素之一。一般地说，风险载体相对于某风险源的脆弱性愈低，则该风险载体遭受损失的可能性越小，其所载荷的来自该风险源的灾害风险就可能越小；反之愈大。风险载体的脆弱性高低，与影响它的风险源、风险载体本身和该两者间的相互作用方式都有关系。第一，某风险载体的脆弱性一定是相对一定风险源而言的，且风险源的种类不同，该风险载体的脆弱性形式和水平通常都是不同的。例如，一般地，农作物对于干旱的脆弱性比对于地震的灾害脆弱性高，而建筑物则相反等。在量上，风险载体的脆弱性高低，还与影响它的风险源的变异强度有关，且风险源的变异强度越大，该风险载体就越有可能遭到破坏，因此其脆弱性越高。第二，风险载体自身的性质是其脆弱性产生和产生多大程度脆弱性的内因和基础。对于同一风险载体来说，其自身的特点，决定了其对来自不同类型风险源的影响，具有不同性质和程度的反应，如农作物对来自干旱缺水的反应敏感，而对来自地震振动的反应迟钝等。在量上，某风险载体相对于特定风险源的脆弱性高低，直接取决于该风险载体在组成、结构和功能上的优良程度及其抗干扰能力。第三，某风险载体相对于某风险源的脆弱性高低，还与风险源与风险载体两者间的相互作用方式密切相关，例如，风折断农作物茎秆，洪涝则通过对农作物的淹渍使其生理过程出现障碍等。

承灾体脆弱性又可以分解为承灾体灾损敏感性和防灾减灾能力。承灾体灾损敏感性是承灾体一旦遭受自然灾变打击时所表现出来的可能受到的影响和破坏的一种度量。

人类社会的防灾减灾能力也是承灾体脆弱性的组成部分。防灾减灾措施是人类社会、特别是风险承担者用来应对灾害所采取的方针、政策、技术、方法和行动的总称，一般分为工程性防灾减灾措施和非工程性防灾减灾措施两类。人类社会的防灾减灾能力也是某种灾害风险能否产生以及产生多大风险的重要影响因素，人类的防灾减灾能力是承灾体易损性的对立面，防灾减灾能力越大，防灾减灾能力越强承灾体的易损性越弱，相关的灾害风险就可能越小；反之，可能越大。人类社会中各单项及综合的防灾减灾措施是为了减少承灾体的脆弱性。

人类为了减少承灾体的脆弱性，主动进行工程建设。为了防御风暴潮，人类在沿海筑起了防浪堤，以保护城市和农田。为了防御洪水，人类在易出现洪水的江河沿线建起了防洪堤、排涝设施、泄洪区等，两千多年以前李冰父子设计的都江堰兼备防洪和灌溉之利，仍令今天全世界的专家叹为观止；长江三峡工程的建设使得长江中游干流上的洪水提高到100年一遇的水平。建筑物抗风能力、输电线抗覆冰能力、设施农业抗风和抗雪压能力等都是根据气象灾害的危险性水平来进行设计的。又如，将某风险载体载荷撤离某类风险源的高危险区，则该风险载体相对于该类风险源的灾害风险亦随之降低等。例如，将居民撤离山洪、地质灾害高风险区是防御山洪、地质灾害最重要的措施。

非工程性防灾措施包括自然灾害监测预警、政府防灾减灾决策和组织实施水平以及公众的防灾意识和知识等几个方面。

在诸多自然灾害中，气象及其引发的灾害是可以预报的，预报可以为防灾赢得宝贵的时间，从而可以大大减轻灾害造成的损失。自然灾害预报警报水平越高，防灾减灾的效益就越高，尤其是能大大减少人员的伤亡，因此在防灾减灾中占有重要地位。

很显然,政府防灾减灾决策与组织实施的水平越高,自然灾害的风险就越低,可能造成的损失和影响就越小,特别是对于可以预报的气象灾害而言更是如此。进入新世纪以后,台风的预警水平有了很大的提高,各级政府又制定并组织实施了台风应急预案,因此台风死亡的人数大大减少,台风造成的经济损失虽然随着 GDP 的快速增长而增加了,但是经济损失占 GDP 的比例却明显下降了。

防灾减灾不仅是政府的行为更是公众的行为,政府的行为也是为了公众的利益,只有公众的参与才能转化为防灾减灾的行动。公众防灾意识和知识的提高对于防灾减灾是至关重要的,例如雷电天气来时不要在树下和尖端物下避雨便可以避免雷击,大风来临时应当远离临时搭建物等便是避灾的基本常识,了解防灾的科学知识对于公众防灾减灾是十分必要的。

2.3 风险分析

风险分析是风险科学的核心,是风险评估和风险管理的基础。风险分析(Risk Analysis)是为了认识风险,为风险管理提供科学依据,使未来情景向好的方向转变。

为了阐述风险分析的内涵,我们先定义风险系统:描述未来可能出现灾害状态的系统称为风险系统,描述风险系统的相关变量就是所谓的风险指标。

2.3.1 风险分析原理

风险分析原理就是从风险系统最基本的元素着手分析,对其进行量化分析和组合,以反映风险的全貌。风险状态是一个综合现象,相关分析结果要进行组合才能看到风险的全貌。

由于风险是与某种不利事件有关的一种未来情景,决定了风险分析就是要认识未来的情景。风险分析属于预测学研究范畴,即如何利用科学的方法对事物的未来发展进行推测,并计算未来情景的相关参数。自然灾害风险,更多地与未来自然现象相关,自然灾害风险分析就是如何利用科学的方法计算未来状态的相关参数,通过对参数的预测来对事件的未来发展状态进行预测。

2.3.2 风险分析环节

风险分析包括以下五个环节:第一,判明存在着什么风险,找出引起这些风险的原因。第二,研究每种风险发生之前的状态,揭示其发生的前兆,防风险于未然。第三,建立能迅速捕捉风险发生的前兆,并能早期预警的系统。第四,制定应急预案,准备好把损失控制在最低限度的具体有效对策,做到有备无患。第五,按照应急预案,组织实施防灾减灾活动,降低灾害可能造成的损失。

前三个环节是识别风险和预测灾害,后两个环节是防灾减灾,我们将在第 3 和第 4 章中讨论前三个环节。

2.3.3 风险分析方法

风险分析的方法五花八门,有预测模型、拟合模型等。在风险分析领域,人们更多的是进行不确定意义下的定性、半定量、定量分析。

如何判断风险分析结果的可靠性？似乎人人都懂风险，都会进行风险评估，但是只要谈及风险分析结果的可靠性，许多人就知难而退了。一些研究人员靠"专家打分"进行风险评估，但是，在风险评估中专家的知识是十分有限的，即使个别专家具有丰富的经验，又如何验证专家经验的可靠性呢？有的人先验地构建风险评估模型，然后仅用 1～2 个例子来证明结果是否正确，人们便有理由怀疑风险分析结果的可靠性。

解决风险分析结果可靠性的途径有两个：

（1）理论途径：从理论上证明相关假设和模型的合理性，从而不言而喻地认为风险分析结果是可靠的。第 3 章我们要讨论如何求致灾临界气象条件，它是产生气象灾害的充分必要条件。如果我们能找到致灾临界气象条件，我们就从理论上证明了灾害风险的存在，在此基础上建立的风险评估模型便是合理的。

（2）实验途径：用实验或数值模拟的方法仿真相关的风险问题，然后从统计意义上考察计算结果和仿真结果是否相符。本质上，这种方法还是验证有关模型是否可靠，从而推论相关的风险分析结果是否可靠。

2.4　自然灾害风险表达式

由于灾害危险性和承灾体易损性的组成元素异常复杂又具有不同的量纲，为了构造它们的表达式，各种元素的评估指标都应当归一化，从而引入风险度这个概念。

2.4.1　风险度

自然灾害风险可以用风险度来表达，它是一个归一化的函数。国际上常见的风险度表达式有：

风险度＝危险度＋易损度（Maskrey，1989）

风险度＝概率×损失（Smith，1996）

风险度＝危险度×结果（Deyl 和 Hurst，1998）

风险度＝概率＋易损度（Tobin 和 Montz，1997）

风险度＝危险度×易损度（联合国人道主义事物部，1991）

很显然，Maskrey，Tobin 和 Montz 的表达式是欠妥的，按照风险的原始定义：损失的可能性，是自然灾害对承灾体的非线性作用产生的，将自然灾害的危险度（或发生概率）与承灾体的易损度线性叠加，从方法而论是不正确的，因为方法的不正确便会造成极不合理的结果，例如内陆城市根本不存在风暴潮的风险（第一项风暴潮危险度为 0），但是由于任何城市都存在易损性（第 2 项易损度不为 0），二者相加得出内陆城市仍然存在风暴潮的风险，这是多么荒谬的结论。又如一个没有人类活动的地区（易损度为 0）可能存在多种自然灾害（自然灾害的危险度不为 0），应用上述两种方法，同样可以得出这些地区存在自然灾害的风险，这显然是不合理的。

另外，Smith，Deyl 和 Hurst 的表达式使用了"损失"、"结果"这样的词，显然与"损失的可能性"不一致，与"风险"原始定义不符。因此，我们采用联合国人道主义事物部的表达式：

自然灾害的风险度 R 可以表示为灾害的危险度（h）和承灾体的易损度（v）乘积：

$$R_D = f(h,v) = H_h \cdot V_b \tag{2.3}$$

(2.3)式是一个归一化的函数。

2.4.2 致灾危险性分析

众所周知,灾害是否发生不仅与致灾物理因子有关(对于气象灾害而言,便是气象条件),而且与人类社会所处的自然地质地理环境条件(孕灾环境)以及防灾工程的防灾能力有关。自然地理环境条件包括地形地势、海拔高度、山川水系分布、地质地貌等。同样的降水量,地势低洼的地方容易出现洪涝灾害,不容易出现干旱灾害;虽然降雨是地质灾害最重要的触发因子,根据国土资源部全国县(市)地质灾害调查结果,降雨不仅是全部的泥石流,也是 90% 的滑坡和 81% 的崩塌灾害的引发因素(李媛等,2004),但是,在不同坡度、高程、地下水、斜坡岩石结构和岩性及植被状况等的地质地理条件下,触发滑坡、泥石流等地质灾害的临界降雨量是不同的。因此,孕灾环境也应当是致灾的条件,是致灾因子。例如地质地理环境条件是产生地质灾害的内因(内部条件),降雨是诱发因子,是外因或称为外部条件,总之降雨和地质地理条件都是致灾因子。

与此同时,应当将防灾工程从人类防灾减灾能力中分离出来,这是因为防灾工程是研究致灾危险性需要考虑的另外一个因素。例如,防洪工程建设之后,防洪的标准提高了,亦即产生洪水的临界流域面雨量提高了,所以,防洪工程是抗灾(致灾的反面)因子,广义理解,防洪工程也是致灾因子,只不过人们通常不这么说罢了。因此,从本质上讲,致灾的气象条件(m)、自然地质地理环境条件(孕灾环境 e_e)和防灾工程(c_{egn})三者都是致灾因子。致灾危险性是这三者的非线性函数:

$$H_h = f(m, e_e, c_{egn}) \tag{2.4}$$

将孕灾环境和防灾工程作为致灾危险性的元素,这样求得的致灾临界气象条件,可以用来对未来灾害的状态进行预测。

人类社会所处的自然地理环境条件(孕灾环境)以及防灾工程具有相对固定的特点,只有发生大的灾害,自然地理环境条件才会发生明显的变化,例如 2008 年北川地震极大地改变了当地的地质地理条件,产生地质灾害的临界雨量下降了。另外,防灾设施被破坏或兴建了新的防灾设施,致灾临界气象条件也发生了变化。不过这两种情况不常发生,因此,致灾临界气象条件具有相对的固定性,可以用来对气象灾害事件进行预测。与此同时,孕灾环境发生变化或新修了防灾工程,必须重新研究致灾临界气象条件。

2.4.3 承灾体易损性分析

在 2.2 节中我们已经指出:承灾体的易损性(V_b)由暴露在自然灾害中的第 i 类承灾体的量(数量和价值量,学术界称其为物理暴露 V_e)及承灾体的脆弱性($V_{fragility}$)所组成,很显然,承灾体的易损性应当是承灾体物理暴露和脆弱性的乘积,而且不同的承灾体对于同一风险源的脆弱性形式和水平通常都是不同的。因此承灾体的易损性应当按照不同的承灾体进行计算:

$$V_{b,i} = V_{e,i} \cdot V_{fragility,i} \tag{2.5}$$

式中下标 i 表示第 i 类承灾体。(2.5)式的物理意义是暴露于自然灾害中的第 i 类承灾体由于其脆弱性可能遭受的破坏程度。

在本节中,我们还将承灾体脆弱性分解为承灾体灾损敏感性和人类防灾减灾能力两部分。承灾体灾损敏感性(V_d)包括人口、房屋、农作物、牲畜、基础设施等的灾损敏感性;防灾减灾能力(C_d)包括防灾能力、抗灾救灾能力和灾后重建能力等(下同)。那么承灾体灾损敏感性与防灾减灾能力这两部分是否独立,在风险表达式中能否分离变量呢? 有人认为承灾体的脆弱性和防灾减灾能力都与人类社会富裕程度有关,这两个变量不是独立变量,故不能进行变量分离。的确,一般来说,社会越富裕防灾减灾能力越强,房屋、基础设施等的防灾能力也越强或灾损敏感性越弱;但是,人类社会富裕程度只影响灾损资料的连续性(我们在用历史灾损资料做风险评估时,应当进行必要的订正),并不影响灾损敏感性与防灾减灾能力的独立性。我们在进行风险评估时,是对当时的人口、房屋、室内财产、农作物、牲畜、基础设施等的灾损敏感性进行评估,同样对防灾减灾能力的评估也是针对评估时的能力进行的,这二者是独立的,因此,灾损敏感性与防灾减灾能力是相互独立的变量,可以进行变量分离,承灾体脆弱性可以写成灾损敏感性和防灾减灾能力的乘积。注意到对于不同承灾体防灾减灾能力是不同的,而且防灾减灾能力的作用与灾损敏感性相反,因此,承灾体脆弱性可以表示如下:

$$V_{\text{fragility},i} = V_{d,i} \cdot (1 - C_{d,i}) \tag{2.6}$$

$$V_{b,i} = V_{e,i} \cdot V_{d,i} \cdot (1 - C_{d,i}) \tag{2.7}$$

式中$V_{d,i}$表示第i类承灾体灾损敏感性,以与承灾体脆弱性$V_{\text{fragility}}$相区别。$C_{d,i}$是对第i类承灾体的防灾减灾能力,包括防灾、抗灾救灾和灾后重建能力,防灾减灾能力越强,承灾体的脆弱性越弱,因此在归一化的(2.6)和(2.7)式中防灾减灾能力是以$(1-C_{d,i})$的形式出现的。

在(2.6)式和(2.7)式中,$V_{e,i}$和$V_{d,i}$不可能为零;但是当$C_{d,i}=1$时,$(1-C_{d,i})=0$,即当防御能力完全发挥至100%时(此时$C_{d,i}=1$),承灾体的脆弱性为零,这显然是不合理的,因为承灾体的脆弱性总是客观存在的,灾害风险总是存在不可防御部分(设为a_i),因此,归一化的承灾体的脆弱性应当表示为:

$$V_{b,i} = V_{e,i} \cdot V_{d,i} \cdot [a_i + (1-a_i)(1-C_{d,i})] \tag{2.8}$$

自然灾害h对第i类承灾体的风险表达式应当是:

$$R_{D,i} = H_h \cdot V_{e,i} \cdot V_{d,i} \cdot [a_i + (1-a_i)(1-C_{d,i})] \tag{2.9}$$

自然灾害h对第i类承灾体的风险($R_{D,i}$)便处于$(a_i \sim 1)H_h \cdot V_{e,i} \cdot V_{d,i}$之间,当防御能力完全发挥至$100\%$时(此时$C_{d,i}=1$),自然灾害的风险是$a_i \cdot H_h \cdot V_{e,i} \cdot V_{d,i}$;如果不采取任何防御措施(此时$C_{d,i}=0$),灾害风险就为自然损失$H_h \cdot V_e \cdot V_d$。不可防御的风险($a_i$)对不同灾害是不同的,对不同的承灾体也是不同的,应当从防御得好和不好(最好是没有防御)的个例对比分析中得到。

第h类灾害的总风险为所有承灾体的风险之和:

$$R_D = \sum_i R_{D,i} \tag{2.10}$$

因为承灾体易损性是易变的,尤其是在经济快速发展的中国,社会经济的脆弱性(缺乏应对或恢复的弹性或能力)每年都在变化,因此,自然灾害风险具有不确定性。自然灾害风险评估虽然也带有预测性,但是由于它自身的不确定性,称"风险评估"更为恰当。

根据上面的分析,我们得到自然灾害风险系统构成如下:

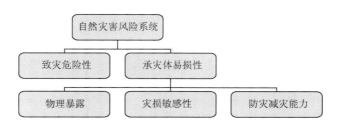

图 2.1　自然灾害风险系统构成图

2.5　国内外风险评估模型评述

章国材在其编著的《气象灾害风险评估与区划方法》中介绍了几种国外风险评估模型,下面简单引述这些模型,说明它们的用途。最后对国内外风险评估模型进行总体评述。

2.5.1　灾害风险指数系统(*DRI*)

UNDP(2004)研究的灾害风险指数系统(disaster risk index,DRI)是全球尺度灾害风险评估的代表,侧重于研究国家发展与灾害风险的关系,度量灾害造成的死亡风险。它以 1980—2000 年的资料为基础,计算大、中尺度的地震、热带气旋、洪水所造成的各国的平均死亡风险。灾害风险评价模型如下:

$$R = H \cdot P_{op} \cdot V_{ul} \tag{2.11}$$

式中:R 为死亡风险;H 为致灾因子,依赖于给定灾害的频率和强度;P_{op} 为暴露区的人口数量;V_{ul} 为脆弱性,依赖于社会、政治、经济状况。

风险可以用死亡人口数量、死亡率和相对于受灾人口死亡率等多种指标表示,每一种指标都有其优势和不足。第一种指标每个人都有同样的权重,显然对小国不利;第二种指标大小国有同样的权重,但每个人的权重大国小于小国;第三种指标用来说明相对脆弱性。

脆弱性指标从经济、经济活动类型、环境质量和依赖性、人口、健康和卫生条件、早期预警能力、教育、发展八个方面选取了 25 个变量。

这个评估模型能够评估各国自然灾害风险的高低,对于 UNDP 制定援助计划有指导作用。

2.5.2　自然灾害评估模型

世界银行和哥伦比亚大学联合发起的"灾害风险热点地区研究计划(The Hot pots Projects)",自然灾害评估用下面的模型来表示:

(1)风险指标

风险指标包括死亡率、经济损失总量和经济损失占 GDP 的比重,可以从每个地区的灾情数据中得到。全球灾害风险热点地区研究计划将这三个指数的原始数据均转化为 $2.5' \times 2.5'$ 的格点化数值。

(2)脆弱性指标

从理论上讲,当特定的地区的人口和经济财产暴露于某强度的灾害下,会有一个预期的损失概率密度方程。为了反映地区的防灾减灾能力的不同,以人均 GDP 作为划分的依据,将每个地区分为五种富裕水平:低、中低、中、中高、高。

用历史灾损数据计算不同富裕水平地区每种灾害的损失率,例如每 10 万人中灾损(至少 5～10 个灾害事件)死亡人数、经济损失占 GDP 的比重。

(3)灾害风险评估

灾害风险评估是对每一个地区而言的,利用历史灾损数据计算每个地区不同经济(富裕)水平下,每种灾害的死亡率和经济损失风险指数及权重。这里的权重是一个灾损累加值,即每个经济水平地区,每种灾害过去(有灾损数据的年数,设为 20 年)的损失的累计值。下面以死亡风险指数为例,说明计算过程和公式:

任意一个经济水平地区 j 中,对于某种灾害 h 每个格点 i 的累计死亡人口的计算公式为:

$$M'_{hij} = r_{hj} \cdot W_{hi} \cdot P_i \tag{2.12}$$

式中 P_i 为第 i 个格点评价年(例如 2008 年)的人口总量;W_{hi} 为 20 年间,第 i 个格点中某灾害 h 发生强度(以频次表示);r_{hj} 为第 j 个经济水平地区的第 h 种灾害的死亡率。

用这种方法可以得到每一个格点的每种和综合灾害死亡风险指数,同样可以得到灾害经济损失风险指数,便可以绘制风险地图;如果将死亡风险与经济损失风险视为同样重要(或给予不同权重),则可以得到一种灾害的综合风险以及多种灾害的总风险。将风险划分为 10 个等级,则风险图中的灾害风险热点(8～10 级)便可以成为国际人道主义援助和世界银行紧急借贷资金再分配的重要依据,这也是世界银行为什么进行这项研究的重要原因。不足之处在于各种灾害风险的分等定级是基于每种灾害自身的数据序列进行的,因此不同灾害的风险缺乏可比性。

2.5.3　欧洲多重风险评估

多重风险评估方法(multi-risk assessment)是欧洲空间规划观测网络(ESPON)项目组研发的风险评估方法(Greving,2006),它是一种综合所有由自然和技术致灾因素引发的所有相关风险来评估一个特定地区的潜在风险的方法。它包含四个部分:致灾因子、潜在危害、脆弱性和风险,其中,脆弱性是风险的关键因素,它包括风险暴露程度(risk exposure extent)和应对能力(coping capacity)两个要素。评估的主要输出结果包括总体致灾因子、综合脆弱性和总体风险图。

(1)致灾因子图

对于每一种与空间相关的灾害而言,一张单独的致灾因子图需要显示致灾因子发生的地区和强度以及频率,致灾因子的强度被分成 5 级,不同致灾因子的相对重要性应用 Delphi 法根据专家的意见确定。

(2)综合致灾因子图

综合致灾因子图将所有单个致灾因子的信息综合在一张图上,反映每一个地区所有灾害发生的可能性(潜在危险)。综合的方法就是对所有单个致灾因子的强度加权求和,即每个致灾因子的强度(1～5 级)乘以 Delphi 权重后再相加。

(3)综合脆弱性图

把灾害暴露和应对能力的信息结合起来可以得到每一个地区的综合脆弱性图。灾害暴露由三个指标进行度量：(1)用地区人均 GDP 度量一个地区的基础设施、工业设备、生产能力、居民建筑等灾害暴露程度(权重为 10%)；(2)人口密度指标代表暴露区内可能的受害人口(权重为 30%)；(3)自然区的破碎化程度表示生态脆弱性(权重为 10%)；(4)以人均 GDP 作为刻画应对能力的指标(权重为 50%)，反映一个地区应对和处理灾害影响的响应潜力。把灾害暴露和应对能力综合成一个脆弱性指标，然后划分出 5 个等级。

(4)综合风险图

将综合致灾因子强度等级和综合脆弱性指标综合起来就可以得综合风险指数，综合的方法首先将总的致灾因子强度等级和综合脆弱性指标等级排列成一个 55 的矩阵，然后把每一级的综合致灾因子强度等级与脆弱性指数等级相加，共得到 9 个综合风险等级：2、3、4、5、6、7、8、9、10。这种综合的方法实际上假定致灾因子与脆弱性各占 50% 的权重。

2.5.4 灾害风险管理指标系统

灾害风险管理指标系统(System of Indicators for Disaster Risk Management)是国立哥伦比亚大学和美洲间发展银行共同研究的成果。他们用该指标系统对美洲国家 1970—2000 年灾害管理相关方面进行了系统定量的评价，识别出经济和社会领域的关键问题。该指标系统共有 4 个综合指标，这里仅介绍其中的地方灾害指数(LDI)。

LDI 用来识别一个地区经常发生的灾害事件所导致的社会环境风险，气象灾害即属于此类，该指标反映了一个地区风险的空间差异性，可以为决策部门在建立地方政策时提供科学依据，也可以在全国规划中提高对地方灾害的重视，同时为建立资源转移网络和风险管理提供依据。

$$LDI = LDI_{\text{Deaths}} + LDI_{\text{Losses}} + LDI_{\text{Affected}} \qquad (2.13)$$

LDI_{Deaths}、LDI_{Losses}、LDI_{Affected} 分别是因灾死亡人数、经济损失和对环境的破坏和影响，基于每个地区的灾害事件资料进行计算。

(2.13)式求得的实际上是灾损指标，并非真正的灾害风险指标。

2.5.5 社区灾害风险指数

$$R = 0.33H + 0.33E + 0.33V - 0.33C \qquad (2.14)$$

式中：R 是某社区总的风险指数；H、E、V、C 分别是致灾因子、暴露、脆弱性以及能力和措施指数的得分，给它们赋予相同的权重 0.33。

2.5.6 国内外风险评估模型总体评述

国内外自然灾害风险评估模型归纳起来有三种类型：第一种是线性模型，第二种是指数模型，第三种是基于灾害预报的风险评估模型。

线性模型最典型的代表是 Blakie1994 年提出的"损失不确定性"表达式："风险＝危险性＋易损性"。以上列举的国外评估模型中，欧洲多重风险评估、社区灾害风险指数即属于线性模型。对危险性、暴露性、脆弱性、防灾减灾能力进行加权综合得到灾害风险指数也属于线性模型。他们先分析自然灾害危险性和承灾体易损性指标，然后将自然灾害危险性指标与承灾体易损性指标进行线性叠加，权重系数由专家给出，最后得到某地灾害的风险等级。这种风险评估方法可以得到某地或某区域的某种灾害的风险指数（或等级），可以评估一个地区灾害风险的大小，用于援助之目的。但是线性模型没有回答也不可能回答可能发生的风险和产生风险的原因是什么，因此不可能提出预防风险发生的具体措施；与此同时，在 2.2 节中已经指出自然灾害风险是风险源（致灾因子）对承灾体非线性作用的结果，风险表达式不能采用危险性和易损性相加的方法，并指出线性模型会导致错误的结果。因此，严格来讲，线性模型是错误的模型；另外，线性模型中的危险性、暴露性、脆弱性、防灾减灾能力对于一个评估单位而言是一个常数，因而得到的风险也是一个常数，对于每一次灾害事件都是一样的，因此不能用于实时的风险评估。

指数模型最典型的代表是 Davidson RA 和 Lamber KB(2001)提出的模型，上面介绍的国外风险评估模型中 UNDP 的灾害风险指数及世界银行和哥伦比亚大学的自然灾害评估模型即属于指数模型。这是目前最为流行的风险评估模型。它们的典型表达式是：

$$R_d = (H^{WH})(E^{WE})(V^{WV})[a + (1-a)(1-C_d)] \tag{2.15}$$

指数模型虽然解决了线性模型中致灾危险性与承灾体易损性线性叠加的不合理性问题，可以得到某地或某区域的某种灾害的风险指数（或等级），可以用于评估一个地区灾害风险的大小，但是(2.15)式中各项的指数也是通过专家评估法得到的，因此这种模型也不能从理论上证明风险相关假设和模型的合理性，不能证明风险分析结果是可靠的。指数模型同样没有回答可能发生的风险和产生风险的原因是什么，因此也不可能提出预防风险发生的具体措施。(2.15)式中的暴露性、脆弱性和防灾减灾能力也是所评估单位（例如某国、某城市等）整体的暴露性、脆弱性和防灾减灾能力，不仅没有体现对同一风险源由于不同承灾体的脆弱性不同因而风险不同的风险原理，而且用(2.15)式计算得到的某地区的风险是一个固定的常数，对于每一次灾害性天气过程都是一样的。很显然，指数模型也不能用于实时风险评估。

因为以上两种模型都不能用于实时风险评估，因此，我们在第 4 章气象灾害风险评估中不会再提到这两种模型。

基于灾害预报的风险评估模型的典型代表是美国的 HAZUS 模型。这种模型首先要确定致灾临界条件，如果能找到致灾临界条件，那么这个模型就从理论上证明了风险评估模型的合理性和风险分析结果的可靠性；同时这种模型是求暴露在灾害下的承灾体的数量和价值量以及可能造成的损失，因此这种模型能用于实时风险评估，是需要我们大力发展的风险评估模型，我们将在第 4 章中予以详细阐述。

3 致灾临界气象条件

致灾危险性分析包括三项内容:第一,判明存在着什么风险,找出引起这些风险的原因;第二,研究每种风险发生之前的状态,揭示其发生的前兆,防风险于未然;第三,建立能迅速捕捉风险发生的前兆,并能早期预警的系统。其核心是确定致灾临界气象条件。

3.1 致灾临界气象条件和确定方法

3.1.1 致灾临界气象条件

所谓致灾临界气象条件,就是出现什么气象条件会产生灾害? 例如下多大雨会出现城市暴发性洪水? 下多大雨会出现山洪? 下多大雪对交通会有影响? 电线积冰多厚电线有断线的危险等等? 我们将可能产生气象灾害的气象条件称之为临界气象条件,它可以是一个指标,也可以是一些气象指标的组合,也可以是一个气象物理模型,总之,致灾临界气象条件对于气象灾害的出现既是必要条件又是充分条件。如果我们做到了这一点,便从理论上证明了灾害风险的相关假设和模型的合理性,同时也找到了引起风险的原因;如果我们又能够提前预报致灾临界气象条件,便可以建立气象灾害早期预警系统,并根据致灾临界气象条件的强度和承灾体的脆弱性,进行气象灾害风险评估了。

在 2.2 节中,我们已经提到:由于气象灾害是否发生不仅与气象因子有关,而且与人类社会所处的自然地理环境条件(孕灾环境)以及防灾设施的能力有关。因此,在研究致灾临界气象条件时,必须考虑两种情况,第一是自然地质地理条件(孕灾环境)的变化,例如 2008 年北川地震极大地改变了当地的地质地理条件,引发地质灾害的临界雨量变小了;乱砍滥伐、过度放牧会明显改变生态环境,引发生态灾害的气象条件降低了。当自然地质地理条件(孕灾环境)发生明显变化时,必须重新研究致灾临界气象条件;第二是兴建防灾工程后,防灾能力提高了,致灾临界气象条件也相应提高了,因此必须重新研究致灾临界气象条件。好在这两种情况不常发生,人类社会所处的自然地理环境条件以及防灾设施具有相对固定的特点,因此,致灾临界气象条件在一定时期内也具有相对的固定性。

由于各地的孕灾环境和防灾工程不同,因此,对于同一种气象灾害,各地的致灾临界气象条件不同。有的人把一个省分成几个区域,研究每个区域的致灾临界气象条件,这是不可取的,因为一个区域内不同地方的孕灾环境和防灾工程不同,致灾临界气象条件便不同。

在这里我们要特别指出:对于绝大多数气象灾害,不能用气象站的观测资料分析得到致灾临界气象条件。这是因为绝大多数气象灾害不是发生在气象站,气象站的观测资料对于气象灾害而言代表性不够,由于气象灾害的发生与孕灾环境密切相关,不同孕灾环境致灾临界气象条件是不同的。有的人应用 GIS 软件将气象站的资料内插到研究的地点上,同样是不可取的,因为任何内插软件都不可能真实地反映气象要素和天气的空间分布特征。

研究致灾临界气象条件没有捷径可走,只有按照科学的方法去做。

3.1.2　确定致灾临界气象条件的方法

如何寻找致灾临界气象条件? 不同的气象灾害必须用不同的方法。概括起来,大致有如下几种方法:统计分析法、物理模型法、数值模拟法、实验模拟法等。

(1)统计分析法

如果有足够多的灾害样本和符合要求的气象资料,那么就可以应用统计分析法求致灾临界气象条件。统计分析法可以采用回归模型、聚类模型、神经网络模型等。统计模型的应用面很大,对于多种气象要素引发的气象灾害,常常使用统计的方法对致灾因子进行识别,然后用统计方法建模。

个例分析法属于统计分析法的特例。例如山洪灾害,我们可以获取山洪的历史个例资料,分析产生山洪的小流域的面雨量,这个面雨量便是产生本个例山洪等级的临界面雨量。如果要将山洪进行分级,便必须获取能反映不同等级山洪的多个样本。在下垫面特征不发生变化的情况下,由个例分析得到的临界面雨量便可以用来做山洪的预报和风险评估了。剩下的问题是如何得到合理的小流域临界面雨量。3.2.4 小节中我们将讨论如何获取求临界面雨量的雨量资料。

(2)物理模型法

物理模型是在研究致灾机理的基础上建立的模型,它有比较复杂的数学表达式。物理模型法是基于对自然灾害事件的灾害动力学过程的认识,以物理模型来模拟灾害发生环境及过程,如果能找到合适的物理模型,则可以用物理模型来做灾害预测、风险评估和风险区划。例如,水文模型便是研究洪涝灾害常用的模型,用水文模型或水文动力模型求临界面雨量,只要水文模型能够真实模拟洪水过程,特别是模拟出洪峰,则用水文模型得到的临界面雨量也有很高的精度。

(3)数值模拟法

一些灾害是可以用数值模式摸拟的,例如用云模式模拟冰雹生成和长大的条件等。

(4)实验模拟法

一些灾害可以在实验室中模拟,例如在云室中模拟电线积冰,找出电线积冰的临界气象条件。又如在人工气候箱中模拟农业气象灾害,找出致灾的临界气象条件等。

(5)风险区划法

对于人工工程,可以根据工程的设计标准研究致灾临界气象条件。例如 330~550 kV、550~750 kV、≥750 kV 架空输电线新的设计标准分别是抗 30、50、100 年一遇的电线覆冰(标准厚度),我们的任务就是通过覆冰历史资料的分析,分别研究出 30、50、100 年一遇的电线覆冰厚度是多少,这实际上是气象灾害风险区划所要研究的内容。

3.2　面雨量的计算方法

在研究中小河流洪水和山洪的临界雨量时,无论是统计模型还是水文模型,用的都是面雨量。最常用的面雨量计算方法有算术平均法、泰森多边形法、反距离权重插值法和克里金法。当雨量站分布比较均匀、各子单元面积相对较小、地形起伏不大、雨量资料稳定的情况下可以应用算术平均法；当实况雨量（例如雷达定量估测降水）和预报雨量（例如数值模式预报的雨量）为格点资料时，也可以用算法平均法。

3.2.1　泰森多边形法

根据离散分布的雨量站降雨量来计算平均降雨量，即将所有相邻雨量站连成三角形，作这些三角形各边的垂直平分线，于是每个雨量站周围的若干垂直平分线便围成一个多边形。用这个多边形内所包含的一个唯一雨量站的雨量来表示这个多边形区域内的雨量，并称这个多边形为泰森多边形。

根据研究流域的数字高程地图（DEM），利用 ArcGIS 软件生成河流水系及各河流流域文件，截取所要分析河流的流域，再根据流域范围内及周围的雨量站点，利用 ArcGIS 制作流域所在区域的泰森多边形，最后采用权重法计算流域面雨量，即：

$$AR = \sum_{i=1}^{n} R_i \times A_i / A \tag{3.1}$$

式中 AR 为流域面雨量，R_i 为站点 i 的雨量，A_i 为站点 i 代表的面积，A 为流域总面积，n 为泰森多边形个数。

3.2.2　克里金法

克里金插值方法着重于权重系数的确定，对给定点上的变量提供最好的线性无偏估计值。对于普通克里金法，其一般公式为：

$$Z(x_0) = \sum_{i=1}^{n} \lambda_i Z(x_i) \tag{3.2}$$

其中，$Z(x_i)(i=1,\cdots,n)$ 为 i 个样本点的观测值，$Z(x_0)$ 为待定点的值，λ_i 为权重，由以下克里金方程组决定：

$$\sum_{i=1}^{n} \lambda_i C(x_i, x_j)\mu = C(x_i, x_0)$$

$$\sum_{i=1}^{n} \lambda_i = 1$$

其中，$C(x_i, x_j)$ 为测站样本点之间的协方差，$C(x_i, x_0)$ 为测站样本点与插值点之间的协方差，μ 为拉格朗日乘子。

插值数据的空间结构特征由半变异函数描述，其表达式为：

$$v(h) = \frac{1}{2N(h)} \sum_{i=1}^{n} \left[Z(x_i) - Z(x_i + h) \right]^2 \tag{3.3}$$

其中，$N(h)$ 为被距离区段 h 分割的试验数据对数目。

克里金方面考虑了观测点和被估计点的位置关系，并且也考虑各观测点之间的相对位置关系，所以在点稀少时插值效果比反距离权重等其他方法要好。

3.2.3　反距离权重插值法

反距离权重插值则计算待估点值为邻近区域内所有数据点的距离加权平均值,权重函数与待估点到样点间的距离的 U 次幂成反比,即随着距离增大,权重呈幂函数递减。且对某待估点而言,其所有邻域的样点数的权重和为 1,适用于呈均匀分布且密集程度足以反映局部差异的样点数据集。距离反比权值插值是通过计算附近区域离散点群的平均值来估算出单元格的值,生成 Grid 数据集。这是一种简单有效的数据内插方法,运算速度相对较快。距离离散中心越近的点,其估算值越受影响。

3.2.4　如何获取求临界面雨量的雨量资料

获取求临界面雨量的雨量资料有以下三种途径:

(1)最科学合理的方法是在易灾区建比较稠密的自动雨量站网,这便是《山洪地质灾害防治气象保障工程》所要做的事情。因为强降雨可以由单体雷暴、多单体雷暴、线雷暴(飑线)和中尺度对流复合体产生,单体雷暴上升运动区的水平范围从几千米到几十千米,多单体雷暴中单体的直径一般为 3～5 km,因此在山洪沟流域建站密度以平均站距 5 km 为宜,适当在迎风坡、背风坡建一些自动雨量站。

对于城市,如果自动气象站的密度达到平均站距 3 km,则可以由最邻近的雨量站资料导出社区(或桥洞)内涝的临界雨量,条件是没有别的社区的水流入该社区,这是因为一个产生强降水的单体的直径一般在 3 km 以上,距离小于 3 km 的雨量站资料对于研究区具有代表性。

(2)用县气象站、区域自动气象站和水文站的雨量资料求临界降雨量。对于河流洪水,可以得到较高的精度;对于山洪,可以作为一级近似,待山洪沟建立自动雨量站之后,再用新资料校准临界面雨量。

(3)用天气雷达定量估测降水。所谓天气雷达定量估测降水方法,是指用自动气象站降水观测资料校准雷达回波强度,然后由雷达回波强度反演降水的方法。天气雷达定量估测降水可以获得较高精度的面雨量。

下面介绍求山洪、河流洪水、城市内涝致灾临界气象条件的方法。

3.3　山洪临界面雨量的确定方法

山洪是指流域面积小于 200 km^2 的山区溪沟中发生的暴涨洪水,是山洪沟集水面积上的短历时强降雨大大超过其出水量而产生的地表径流,具有突发性、暴涨暴落的特性,强降雨汇集成洪流汹涌而下。山丘区小流域因流域面积和河道的调蓄能力小,坡降较陡,洪水持续时间短(历时几小时到十几小时,很少能达到 1 天),但涨幅大,洪峰高,洪水过程线多呈尖瘦峰型。山洪由于其突发性、水量集中、破坏力大等特点,其诱发的泥石流、滑坡,常毁坏房屋、田地、道路和桥梁等,甚至可能导致水坝、山塘溃决、人员伤亡,造成巨大经济损失。

确定山洪临界面雨量的方法有统计分析法和水文模型。

3.3.1 统计分析法

（1）临界水位模型

在山洪沟中上游集水区内建立自动水位站，分析自动水位站水位上涨对下游承灾体影响的历史数据，可以建立临界水文模型。贵州省气象局近年来开展了这方面的试验，取得了较好的效果。例如，根据调查，他们将贵州省望谟河山洪划分为三个等级（见表3.1）。

在实际业务中，贵州省气象台根据上游自建的自动水文站观测到的水位上涨发布暴发性洪水预报。由于自动水位站离县城有一段距离，自动水位站观测到的洪水到达县城需要一些时间，因此临界水位模型可以用于山洪的临近预报。

表 3.1 望谟河山洪等级划分

山洪等级	水位上涨（m）	影响
三级	1～2	影响较小
二级	2～4	将对居民生活和学生过河有严重影响
一级	≥4	望谟县城街道将被水淹

（2）临界面雨量模型

为了进一步提高山洪的预警时效，应当研究致洪的临界面雨量。不同等级的山洪发生的临界面雨量，是指山洪沟中可能导致某等级山洪发生的一定时段的最小雨量。不同地域、不同地形地貌、不同植被环境，临界面雨量是不同的，需要根据实测和调查资料及对比分析，深入研究降雨量、降雨历时、降雨强度与山洪之间的成因关系，综合分析才能确定临界面雨量。当山洪沟有批量的水位和对应的雨量观测资料时，可以用统计方法求致洪的面雨量。

1）望谟河致洪的面雨量

贵州省气象局（2011，详见本书第 7 章）研究了望谟河致洪的面雨量。望谟河位于黔西南州望谟县，源地到望谟县城不到 30 km，流域面积约 550 km²，属小型河流，源头与县城段河流落差约 1200 m，因此短历时强降水极易汇聚并形成山洪。流域内建有 5 个区域气象站，1 个七要素站，1 个水位站。面雨量计算采用简单的相关气象站平均雨量。

利用 2010 年 5—10 月自动水位雨量站的逐时水位资料和流域内逐时乡镇雨量数据，建立了两个水位变化与面雨量的回归方程。

1 h 水位上涨与面雨量的相关系数 $r = 0.619069$，回归方程为：

$$y = 63.085x + 12.212 \tag{3.4}$$

其中 y 为前 3 h 面雨量（R9801、R9817、R9803 平均），x 为 1 h 水位站的上涨水位。

2 h 水位上涨与面雨量的相关系数 $r = 0.506593$，回归方程为：

$$y = 25.527x + 4.0413 \tag{3.5}$$

其中 y 为前 1 h R9801 雨量，x 为 2 h 水位站的上涨水位。

根据水位上涨与面雨量的回归方程和山洪等级标准，得到如下山洪预警指标：

1 h 山洪预警指标（面雨量为 R9801、R9817、R9803 的平均）：

三级山洪：前 3 h 面雨量 70～140 mm，未来 1 h 水位上涨 1～2 m；

二级山洪：前 3 h 面雨量 140～260 mm，未来 1 h 水位上涨 2～4 m；

一级山洪：前 3 h 面雨量≥260 mm，未来 1 h 水位上涨 4 m 以上。

2 h 山洪预警指标：

三级山洪：R9801 前 1 h 雨量 30～60 mm，未来 2 h 水位上涨 1～2 m；

二级山洪：R9801 前 1 h 雨量 60～100 mm，未来 2 h 水位上涨 2～4 m；

一级山洪：R9801 前 1 h 雨量≥100 mm，未来 2 h 水位上涨 4 m 以上。

2）利用雷达定量估测降水确定临界雨量

由于绝大多数山洪沟都没有雨量观测，因此利用天气雷达估测降水技术分析引发山洪的临界雨量是十分必要和可行的。Robert S Davis（2005）介绍了美国用雷达定量估测降水的方法监测和预报暴发性洪水的进展。对于某一条山洪沟，收集历史上发生山洪的个例，并将山洪分为五级，然后用 WSR-88D 估测山洪发生前的降雨量，计算该山洪沟不同等级山洪小流域的临界面雨量，得到如下结果（表 3.2）：

表 3.2　某山洪沟山洪级别对应的面雨量

山洪级别	5	4	3	2	1
山洪沟流域临界面雨量(mm)	25.4	50.8	76.2	101.6	127.0

3.3.2　水文模型

导致山洪的临界面雨量可以用水文模型、淹没模型等模拟得到。因为山洪沟水文和雨量资料的欠缺及水文模型功能的不同，在不同种情况下应当采取不同的模拟方案。

（1）有水位和流量等水文观测资料的流域

首先利用历史灾情资料确定山洪等级（临界水位），然后由水位和流量观测资料，确定水位与流量的关系，得到不同等级山洪的临界流量，再应用逐时面雨量和蒸发资料，采用 Topmodel 进行径流模拟，模式输出不同等级山洪临界流量时对应输入的面雨量即为临界面雨量。确定致灾临界降水量的流程见图 3.1。

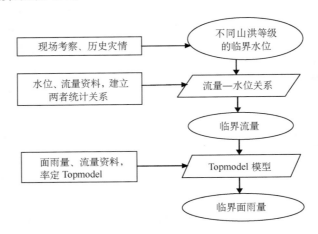

图 3.1　山洪致灾临界降水量计算流程

　　Topmodel 模型是半分布式流域水文模型，Topmodel 模型借助于地形指数 $\ln(a_i/\tan\beta_i)$ 来描述和解释径流趋势及在重力排水作用下径流沿坡向的运动，其中 a_i 为点 i 以上坡面汇水面积，$\tan\beta_i$ 为点 i 处的地表坡度。模型在汇流时将坡面流与壤中流合在一起进行计算，假定径流在空间上相等，通过等流时线法进行汇流演算，求出单元流域出口处的流量过程。然后通过河道汇流演算，得到流域总出口处的流量过程，河道演算采用近似运动波的常波速洪水演算方法。

　　在模拟径流时，把流域面雨量和蒸散发时间序列输入 Topmodel 模型，可以得到流域出口的流量序列。为了评价模拟结果的优劣，可以将实测流量过程和模拟的流量过程比较，计算目标函数，利用目标函数优化模型参数。

　　Topmodel 模拟得到的是流量，与山洪直接关联的量是水位，因此还须求得流量与水位的关系。当有历史流量和水位资料时，容易求得二者的关系。例如，本书第 6 章作者章毅之等利用收集到的江西省宜黄县曹水流域水文资料，建立了曹水流域水位和流量之间的关系曲线（图 3.2），其关系式为：

$$y = -3.318 \times 10^{-8} x^4 + 9.607 \times 10^{-6} x^3 - 0.00102 x^2 + 0.06326 x + 97.46$$

上式中 y 为水位，x 为流量值。

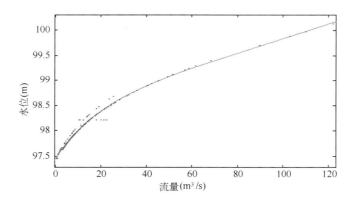

图 3.2　新斜站水位流量曲线图

　　水位和流量的相关系数为 0.98，超过了信度为 99% 的检验。根据以上关系式可以分别求出不同风险等级山洪灾害对应的临界流量：低风险临界流量为 55 m^3/s、中风险临界流量为 87.5 m^3/s、高风险临界流量为 122 m^3/s。Topmodel 模拟出以上不同风险等级流量的输入面雨量即为对应风险等级的临界面雨量。

表 3.3　不同山洪风险等级的不同降雨时长的临界面雨量

降水时长	低风险临界面雨量（mm）	中风险临界面雨量（mm）	高风险临界面雨量（mm）
1 h	86.4	102.8	115.4
3 h	95.3	111.7	124.6
6 h	101.2	118.7	132.6
12 h	107.4	126.6	142.5
24 h	117.4	141.5	163.2

（2）无任何水文观测资料，但有典型山洪个例淹没水位记录的流域

大多数山洪沟没有水文站，因此没有山洪的水位和流量历史资料，此时，应当对近几年发生的山洪个例进行详细的调查，特别要详细调查洪水发生的时间和水位，然后利用淹没模型进行山洪淹没再现模拟。根据调查的洪水发生时间和水位资料对模拟结果进行调整，提取最佳模拟结果中逐时的淹没深度，对逐时淹没深度及对应降水量进行分析，最终得出不同风险等级的临界面雨量。

淹没模型基于数字高程模型进行水文—水动力学建模，淹没过程的水动力由二维不恒定流洪水演进模型完成。该模型考虑了地形坡度和不同地表覆盖形态下地面糙度对洪水演进形态的影响；洪水以给定水位、给定流量和给定面雨量三种方式进入模型，并可根据水文过程线进行实时调整，可视化表达流向、流速和淹没水深等水文要素的时空物理场，为洪水淹没风险动态制图提供了有效工具。

模式中用到的地表水力糙度可以通过分析遥感资料得到取值范围，然后根据实际淹没与模拟结果的差异对水力糙度进行精细率定。径流系数采用 SCS 模型曲线数值法计算得到，其中 CN（曲线数值）由地表覆盖类型决定，可由遥感资料得到。

第 5 章作者高建芸等对福建省三明市泰宁县上清溪流域 2010 年 6 月 18 日的山洪进行了详细的调查，并根据上青流域地面水力糙度、地表产流系数、2010 年 6 月 18 日暴雨过程面雨量，利用"FloodArea"淹没模型对这次山洪造成的淹没状况进行在线模拟。选择上青乡政府驻地作为上清溪流域山洪淹没预警点，预警点各时段淹没深度如表 3.4 所示。由表 3.4 可见，雨量较小且降水时间短时预警点淹没水深基本为地表产流造成，随着降水量的增加和降水强度的增强，淹没水深会突然增大。对比实地考察资料，预警点考察淹没水深最高为 1.14 m，模拟淹没水深最高为 1.41 m，模拟结果稍高于调查结果，但二者最高水深的淹没时间相一致，均为上午 9 点左右。

表 3.4　预警点洪水淹没水深及对应面雨量

时间	小时面雨量（mm）	上清乡政府大院内水深 （相对河床的高度/m）	超过坝高水深 （坝高 2.5 m）
2:00	0.6	2.50087	0.001
3:00	2.5	2.50054	0.001
4:00	2.5	2.50099	0.001
5:00	3.8	2.50099	0.001
6:00	0.1	2.50099	0.001
7:00	2.5	2.65555	0.156
8:00	25.6	3.56612	1.066
9:00	26.3	3.9105	1.411
10:00	55.0	3.84281	1.343
11:00	66.2	3.61817	1.118

根据上清溪流域 2010 年 6.18 洪水淹没过程模拟结果及实地考察资料,初步推算上清溪流域的山洪淹没不同等级的风险雨量如表 3.5 所示。

表 3.5 预警点不同风险等级的小时累计面雨量

风险等级	超过坝高水深(m)	4 h 累计面雨量(mm)
低风险	0.0	40.9
中风险	0.5	74.3
高风险	1.0	107.5

(3)无任何水文观测资料,又无典型山洪个例淹没水位记录的流域

一些山洪沟既无水文观测资料,又无典型山洪个例淹没水位记录或有山洪个例但淹没水位已不可考,此时可以采用邻域类比法,即采用地形地貌相似的山洪沟已率定好的淹没模型进行山洪淹没模拟。在这种情况下,应当根据 GIS 数据、卫星遥感资料和实地考察获得河道基本参数、流域地面水力糙度、地表产流系数、村庄和道路的地理信息(经纬度、海拔高度),应用(1)、(2)中已调试过参数的淹没模型模拟洪水过程,输入逐时面雨量资料,当洪水淹没村镇/道路时的面雨量即为致洪的临界面雨量。

这样做实际上已经假定我们使用的淹没模型参数,对于欲研究的山洪沟与(1)、(2)中的山洪沟是相同的,应当说这个假定是基本合理的,在没有任何水文资料的情况下,也不失为一种可用的办法,待该山洪沟建立自动水位站之后,再使用实际观测到的山洪水位和面雨量资料,应用统计方法或淹没模型调整致灾临界面雨量。

应当注意的是邻域类比是淹没模型的类比,而不是直接采用相似邻域的临界面雨量。这是因为,可以认为相似邻域的流域地面水力糙度、地表产流系数是基本相同的,所以可以采用相似邻域率定后的淹没模型进行洪水过程模拟,但是,由于每条山洪沟的长度、流域面积、河道基本参数等是不同的,因此致洪的临界面雨量各异。

3.4 确定河流雨—洪关系的方法

与山洪沟不同,河流上都建有水文站,有长序列的水文观测资料,且水文和气象部门布设的雨量站密度对于河流雨—洪关系的研究也是够用的。另外,山洪是陡起陡落的,基础水位可以视为零,因此,我们要研究的是致洪临界面雨量;对于小型河流亦如此。而对于中小河流以上的河流,在汛期,河流总有一定的水位,因此,对于这些河流,我们要研究的实际上是雨—洪关系。

求河流雨—洪关系亦有统计分析法和水文模型两种。

3.4.1 统计分析法

统计分析法就是利用批量洪水个例资料,分析水位或水位上涨与水位站以上流域的面雨量及其他有关变量的关系,建立它们的统计关系,根据洪水水位或洪水水位上涨量和这个统计关系,便可以得到不同洪水等级(水位上涨量)的临界面雨量。

（1）湄江河致洪临界面雨量

湄江河流域范围涉及贵州省绥阳县、凤岗县、湄潭县，主要河段在湄潭县境内。流域总面积约 720 km²，属于小型河流。由于湄江河较望谟河长，且落差小于望谟河，但落差仍大于平原上的河流，因此，湄江河既有陡涨的洪水，也有比较慢发的洪水。所以，研究致洪临界面雨量时，既要考虑 1 h、2 h、3 h 水位上涨，也要考虑 4 h、5 h、6 h 水位上涨，雨量资料的时段也应当比望谟河长，既要有水位上涨时和上涨前 1 h、前 2 h、前 3 h 的雨量，也要有上涨前 4 h、前 5 h、前 6 h 的雨量。

利用湄江河水位站 2010 年 4—10 月水位站逐时水位资料，挑选各流域具有较明显上涨水位（水位上涨≥0.1 m）的个例；分别计算这些个例水位上涨时及水位上涨前 1 h、前 2 h、前 3 h、前 4 h、前 5 h、前 6 h 对应的乡镇区域自动气象站雨量及流域面雨量，然后分别计算这些雨量与水位上涨的相关系数。选择相关系数最高的面雨量建立一元一次回归方程。

通过实地考察和历史个例确定流域出现灾害时水位的上涨量并分级。通过已建立的水位上涨与面雨量的回归方程，确定不同洪水等级的临界面雨量。这里仅介绍 1 h 水位上涨和 6 h 水位上涨的临界面雨量指标。

1）1 h 水位上涨的临界面雨量指标

水位站 1 h 水位上涨与前 6 h 面雨量（mm）（R2352、R2353、R2354、R2364 平均）的相关系数最高，为 0.867095。水位站 1 h 水位上涨与 6 h 面雨量的一元一次回归方程为：

$$y = 86.434x + 13.162 \tag{3.6}$$

其中 y 为前 6 h 面雨量（mm）（R2352、R2353、R2354、R2364 平均），x 为 1 h 水位站的上涨水位。

由此得到 1 h 山洪预警等级划分：

三级山洪：前 6 h 面雨量（mm）（R2352、R2353、R2354、R2364 平均）100～180 mm，1 h 水位上涨 1～2 m；

二级山洪：前 6 h 面雨量（mm）（R2352、R2353、R2354、R2364 平均）180～270 mm，1 h 水位上涨 2～3 m；

一级山洪：前 6 h 面雨量（mm）（R2352、R2353、R2354、R2364 平均）≥270 mm，1 h 水位上涨 3 m 以上。

2）6 h 水位上涨的临界面雨量指标

6 h 水位上涨与前 6 h 面雨量（mm）（R2352、R2353、R2354、R2364 平均）的相关系数最高，为 0.938097。6 h 水位站水位上涨与 6 h 面雨量的一元一次回归方程为：

$$y = 38.787x - 6.7382 \tag{3.7}$$

其中 y 为前 6 h 面雨量（mm）（R2352、R2353、R2354、R2364 平均），x 为 6 h 水位站的上涨水位。

由此得到 6 h 山洪预警等级划分：

三级山洪：前 6 hh 面雨量（mm）（R2352、R2353、R2354、R2364 平均）50～70 mm，6 h 水位上涨 1～2 m；

二级山洪：前 6 h 面雨量（mm）（R2352、R2353、R2354、R2364 平均）70～100 mm，6 h 水位上涨 2～3 m；

一级山洪：前 6 h 面雨量（mm）（R2352、R2353、R2354、R2364 平均）≥100 mm，6 h 水位

上涨 3 m 以上。

2011 年主汛期以来,贵州省气象台根据建立的望谟河和湄江河山洪临界面雨量指标进行试报,对"6.6"望谟山洪和"6.18"湄潭洪灾都提前预警(发布山洪一级预警),服务效果很好。与此同时,我们也应当看到,目前建模所用的样本还比较少,在样本增多后,需要重新建模,以进一步提高致洪临界面雨量的质量。

另外,目前两条河洪水的分级主要考虑的是对县城的影响,今后还需要根据对沿河两岸村镇的影响,分段细化致洪临界面雨量。

(2)雨—洪关系

较大的河流在发生洪水前总是存在一定水位的,致洪的面雨量与底水位有关,它是水位 h 的函数:

$$R_s = R(h) \tag{3.8}$$

我们要求的实际上是面雨量—洪水位曲线(简称雨洪曲线)。由于我们要研究的是洪涝灾害的风险,因此雨洪曲线只需要从警戒水位开始计算,求某控制水文站超过警戒水位后达到保证水位、特别是漫堤所需要的控制水文站上游的面雨量。

河流洪水与山洪不同,致洪时间较长,必须考虑土壤的渗透。安徽省淮河流域水文气象中心(2011)绘制了土壤饱和度和 24 h 累积雨量散点图,确立一条临界警戒雨量线,其上为超过警戒雨量,其下为未超警,初步建立滁县站动态临界雨量指标——雨洪关系。

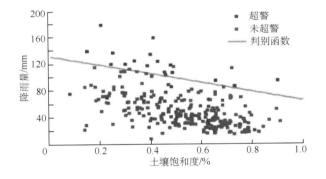

图 3.3　滁河流域雨洪关系散点图

(3)神经网络模型

第 8 章作者田红等以前 3 d 的王家坝以上淮河流域面雨量和断面水位作输入,通过 ANN 模型来预测王家坝站第(t)天的断面水位,其中以 2000—2004 年数据作为训练样本建立 ANN 模型,以 2005—2009 年资料来检验所建立的 ANN 模型。虽然所建立的 ANN 水位预报模型输入较为简单,但由于 ANN 具有较强的非线性拟合能力和系统学习能力,以及模型参数充分考虑了水文现象的特性,所选参数具有明确的物理含义,因此,ANN 模型能够很准确的预报出王家坝站逐日水位,模拟的确定系数接近 1.0,模拟的水文过程线基本与实测完全一致,能够较为完美的预报降水径流过程,从而为分析致灾临界气象条件提供可靠工具。

3.4.2　水文模型

水文模型是最重要的洪涝物理模型。水文模型是以流域为系统,模拟流域上降雨径流形成过程。目前国内外应用比较广泛的水文模块有新安江模型、HBV半分布式水文模型、SWAT模型等。新安江模型、SWAT模型的介绍请参阅章国材编著的《气象灾害风险评估和区划方法》(章国材,2010)。

第8章作者田红等采用新安江模型、半分布式水文模型分析了王家坝以上淮河流域面积达3万km² 的降水径流关系。

(1)新安江模型

新安江模型已经在淮河流域气象中心开展了业务应用和运行,利用多场历史洪水对模型进行了率定,结果表明,新安江模型对王家坝站的确定性系数达0.8以上。进一步采用2009—2010年资料对新安江模型的日常预报效果进行了检验,模型预报的确定性系数达0.77,能够较好地反映王家坝站流量变化特征,可以捕捉到水势涨落动态,较好地模拟出了洪水过程对面雨量的定量响应关系。

(2)半分布式水文模型HBV

除了采用在淮河流域已有成熟应用的新安江模型开展降水径流关系模拟外,结合研究区特点,引入了HBV模型(Hydrologiska Byråns Vattenbalansavdelning model)。HBV模型是由瑞典水利气象研究中心于20世纪70年代开发的用于河流流量预测和河流污染物传播的水文模型,采用的模型版本为HBV light。

HBV模型是一个概念性、半分布式的流域水文模型,输入数据为日降雨量、气温和月潜在蒸发量,输出为日径流深。模型包括降水模块(由日温度方法来划分降水、积雪和融雪)、土壤模块(其中地下水补给和实际蒸发用实际土壤蓄水量的函数来计算)、产汇流模块(用三个线性水库方程描述)和一个河道模块,模型参数包括了积雪和融雪参数、温度阈值参数、田间持水量、退水系数、河道参数等。

采用王家坝以上流域2003—2007年逐日气象、水文数据对HBV模型参数进行了率定。模型参数的率定采用模型自带的GAP优化方法来获得,通过自适应算法可得到一组适用于研究区的最优化参数,率定后的HBV模型对王家坝站日径流深模拟的确定性系数达0.9以上,模型模拟的结果与实况较一致,能够很好地模拟出王家坝以上流域的日径流过程。

为进一步检验HBV模型效果,使用2007—2009年逐日资料对HBV在王家坝以上流域的预报效果进行了检验。经过率定后的HBV模型在王家坝以上流域具有很强的适用性,对王家坝站逐日径流深模拟的确定性系数超过了0.94,模拟出的水文过程线与实际基本吻合,很好的预报出了洪水对降水的响应过程,从而能够推算出河水达到警戒水位、保证水位的流域临界面雨量。

3.5　城市暴雨内涝数学模型

改革开放以来,由于城市化的快速发展,强降雨常造成城市内涝,致使交通堵塞,甚至造成人员伤亡,城市内涝已成为城市特有的气象灾害。求城市积涝临界面雨量的方法同样有统计分析法和物理模型两种方法。第10章作者李春梅等研制了广州市的积涝统计模型和内涝模型。

3.5.1 统计分析法

由于城市每个社区甚至每个桥洞的集水面积和排水条件都不同,因此造成城市每个社区/每一个桥洞内涝的临界面雨量都是不同的,应当根据城市每一个社区/每一个桥洞内涝的历史资料,用具有代表性的社区雨量站的雨量资料或雷达定量估测降水的方法,计算其临界面雨量。当城市排水条件发生变化时,应当根据新的内涝资料重新反演临界面雨量。

(1)深圳市内涝临界降雨量

深圳市气象台应用社区雨量站的雨量资料研制了每个社区水浸的临界雨量。例如星海名城社区的水浸临界雨量是:24 h 降雨量 110 mm 以上或 1 h 雨量 50 mm 以上。

(2)广州市城市内涝致灾临界降水条件

第 10 章作者李春梅等通过对近年来广州市城市内涝灾害个例的调查,研究确定城市内涝灾害的致灾临界降水条件,结合广州市强降水的特点,采用 1 h、2 h 和 3 h 的面雨量来表征城市内涝灾害的致灾临界降水条件。

根据城市内涝历史灾情记录中的内涝发生时段、内涝地点、积水深度、积水面积和积水时长等信息,查找相应地点附近的区域气象自动站在对应时段内的降雨量记录和雷达定量估测降水资料,建立面雨量与内涝灾情严重程度之间的对应关系,从而确定该地点的致灾临界降水指标。

以广州市城市内涝灾害多发点岗顶为例,对该点近年出现的 5 次内涝灾害过程进行调查,统计灾害发生时的降水量(表 3.6),对照灾情实况,根据历史灾情反推法,确定岗顶的各级内涝风险的致灾指标范围(表 3.7)。

表 3.6 广州市岗顶桥底内涝灾害过程的灾情及降水实况(mm)

内涝发生时间	2009 年 3 月 8 日	2009 年 6 月 3 日	2009 年 8 月 6 日	2010 年 9 月 3 日	2011 年 5 月 22 日
易涝点	岗顶桥底	岗顶桥底	岗顶桥底	岗顶桥底	岗顶桥底
1 h 降雨量	52.5	68.6	33.6	40.7	37.8
2 h 降雨量	72.9	72.4	49.4	66.8	56.4
3 h 降雨量	78.3	73.3	62.5	84.4	57.9
内涝程度	水浸塞车	水浸	有积水	最深超过 50 cm	积水深度 50 cm, 积水面积 5 m×0.3 m

表 3.7 广州市岗顶桥底内涝灾害致灾临界降水指标

致灾等级	致灾临界降水量指标(R)		
	1 h 降雨量 R_1(mm)	2 h 降雨量 R_2(mm)	3 h 降雨量 R_3(mm)
严重	$R_1 \geqslant 65$	$R_2 \geqslant 80$	$R_3 \geqslant 100$
中等	$35 \leqslant R_1 < 65$	$50 \leqslant R_2 < 80$	$70 \leqslant R_3 < 100$
较轻	$10 \leqslant R_1 < 35$	$20 \leqslant R_2 < 50$	$40 \leqslant R_3 < 70$
无	$R_1 < 10$	$R_2 < 20$	$R_3 < 40$

3.5.2　城市积涝淹没模型

李春梅等根据广州市地质条件、地形地貌及地表构成,对广州市地表进行概化,并分析地表径流产生原因,建立广州市地表径流汇聚模型;将广州市按照道路进行片区化,根据每个片区设计最大排水能力并结合实际调查数据估算实际最大排水能力,进而计算片区实际地表径流汇聚量;按道路对广州市排水管网排水效率进行分析,建立排水管网排水能力估算模型;最后按照道路管网分布、城市道路标高及片区化,计算广州市内涝淹没情况。

基于城市内涝数学模型,模拟不同降雨条件下城市易涝点的内涝积水深度和淹没面积,根据模拟结果建立积水深度与降雨条件之间的相关关系,进一步确定各易涝点的致灾临界降水指标。再通过对易涝点实地调查,细化和完善致灾临界降水条件,确定城市内涝易涝点的致灾临界降水指标。

以广州市另一个易涝点科韵路为例,通过城市积涝淹没模型,模拟出科韵路在 1 h 雨量 30 mm 时,积水深度达到 50 cm,属于中等风险等级,与通过内涝灾害灾情资料得到的致灾临界降水条件一致。

2011 年 7 月 16 日 19 时科韵路附近出现 1 h 20.6 mm 的强降水,致使科韵路出现 20 cm 的积水,与根据致灾临界降水指标对灾害的风险等级判定一致。

表 3.8　广州市科韵路内涝灾害致灾临界降水指标

致灾等级	致灾临界降水指标(R)		
	1 h 雨量 R_1(mm)	2 h 雨量 R_2(mm)	3 h 雨量 R_3(mm)
严重	$R_1 \geqslant 45$	$R_2 \geqslant 70$	$R_3 \geqslant 100$
中等	$30 \leqslant R_1 < 45$	$50 \leqslant R_2 < 70$	$60 \leqslant R_3 < 100$
较轻	$10 \leqslant R_1 < 30$	$20 \leqslant R_2 < 50$	$40 \leqslant R_3 < 60$
无	$R_1 < 10$	$R_2 < 20$	$R_3 < 40$

3.5.3　水文动力学内涝模型

城市暴雨内涝可以用水文动力学内涝模型进行模拟。以城市地表与明渠河道水流运动为主要模拟对象,基本控制方程以平面二维非恒定流的基本方程为骨架(王船海等,1987)。同时,针对小于离散网格尺度的排水渠涌或河道,在二维模型中结合了一维明渠非恒定流方程的算法(赵克玉,2004)。基本方程及离散格式、城市排水系统模拟请参阅章国材编著的《气象灾害风险评估和区划方法》(章国材,2010)。

城市暴雨内涝仿真系统利用地理信息系统为支撑平台,依托基本气象业务,应用自动气象站网监测的雨量信息、多普勒雷达系统的雨量估算信息、多种预报方法提供的降水预报产品,利用暴雨内涝数学模型模拟暴雨内涝灾害,实现内涝灾害的预警。系统组成见图 3.4。

王建鹏等(2008)利用该模型对西安市的积涝进行了模拟,他们采用了三个方案,下面介绍两个方案。

方案 1:不同量级降水的致涝结果分析

由于内涝主要和降水相关,不同的降水强度引起的内涝范围和强度不同,同一降水强度

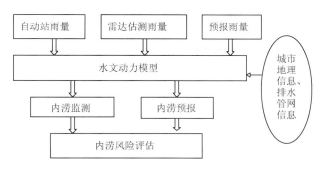

图 3.4　城市暴雨内涝系统结构

下,不同地区由于下垫面特征及排水设施差异,内涝发生的程度也不相同。对降水强度由小到大进行内涝模拟试验(表 3.9),以揭示各级降水强度下城区不同地点对降水的敏感程度。对雨强的划分采取以下标准(3 h 降水量):5.0~9.9 mm 为中雨,10.0~19.9 mm 为大雨,15.0~24.9 mm 为大到暴雨,20.0~37.9 mm 为暴雨,25.0~49.9 mm 为暴雨到大暴雨,大于等于 38.0 mm 为大暴雨。平均 1 h 雨量的对应等级分别为 3 mm、5 mm、6.67 mm、8.33 mm、12.67 mm、16.67 mm。

表 3.9　西安市不同降水强度下的内涝灾害模拟结果

灾害等级	发生内涝的网格数					
	中雨	大雨	大到暴雨	暴雨	暴雨到大暴雨	大暴雨
2 级	10	18	19	18	136	173
3 级	0	2	6	13	19	37
4 级	0	0	0	0	20	26

从表 3.9 可以看出,平均 1 h 雨量仅为 3 mm 时就有 10 处出现 2 级积涝,说明西安发生内涝灾害风险的气象条件阈值偏低。平均小时雨强达到 12.67 mm/h 时,2 级内涝灾害发生区域数增至 136 处,发生跃变,并开始出现严重的 4 级内涝灾害,可知 13 mm/h 小时雨强是发生重内涝的临界值。

方案 2:降水区域分布不均的致涝结果分析

夏季西安城区往往出现局地强降水,根据多年主观经验及调查,西安在有利降水的天气形势下,多吹西北风或东南风,降水的局地性差异主要表现在西北与东南区域,所以考虑两种情况进行模拟:第 1 种,东南部出现大暴雨,西北部不出现降水或小量降水;第 2 种降水分布情况相反。表 3.10 是模拟的结果,由表 3.10 可知,当强降水发生在西安市西北方向时,导致的内涝灾害重于强降水发生在城区东南部,4 级内涝灾害发生区域数是东南的近 4 倍。这是由于一方面西安城区地势总体为东南高西北低,西北区域多低洼地;另一方面城市建设西北区相对落后于东南,多棚户区,排水设施条件也相对不如东南区。所以在防御局地强降水引发的内涝灾害时,天气预报、雨情监测重点及市政防御关键部位是西北区。

表 3.10　西安市内涝灾害模拟结果

区域\灾害等级	2 级	3 级	4 级
东南区出现大暴雨	30	8	4
西北区出现大暴雨	46	18	15

4 气象灾害风险评估方法

风险评估(Risk Assessment)是对风险发生的强度和形式进行评定和估计。不少人将灾害评估与灾害风险评估混为一谈,实际上,灾害评估一般是指灾后评估,即通过调查分析,对灾害事件产生的人员伤亡、经济损失、自然环境破坏量(包括数量和价值量)及其产生的原因进行评估。如果灾害评估指的是灾害预评估,由于预评估带有预测性质,与灾害风险评估的内涵相一致,只是评估的两种不同说法而已。

自然灾害风险评估有两种思路,一种是基于灾害预警及历史灾损资料的风险评估,这种方法实际上已经假设风险能够用过去灾害事件中的灾损历史资料来表示。另一种是基于灾害预警及承灾体易损性的风险评估,即根据灾害预报的强度、范围和当前承灾体的易损性进行风险评估。目前国内外大多数风险评估方法都是基于历史资料的,为了实时防灾减灾的需要,应当大力发展基于灾害预警及承灾体易损性的风险评估方法。

4.1 基于气象灾害预报和承灾体易损性的风险评估

4.1.1 风险评估思路

我们在 2.4 节得到第 h 类灾害对第 i 类承灾体的风险为:

$$R_{D,i} = H_h \cdot V_{e,i} \cdot V_{d,i} \cdot [a_i + (1-a_i)(1-C_{d,i})] \tag{4.1}$$

第 h 类灾害的总风险为评估区域内所有承灾体的风险之和:

$$R_D = \sum_i R_{D,i} \tag{4.2}$$

(4.1)式反映致灾因子对承灾体的非线性作用而产生的风险,其物理意义是暴露在灾害下的承灾体因为其本身的脆弱性而可能造成的损失,因此,实时风险评估所真正需要评估的是某灾害 h 影响范围内承灾体可能受到的损失:

$$R_{Dh} = \sum_i V_{e,i} \cdot V_{d,i} \cdot [a_i + (1-a_i)(1-C_{d,i})] \tag{4.3}$$

在实时评估中有两种情况值得注意:一种是人类对某种灾害的防御能力很强,例如对于小麦干旱灾害,在实现全灌溉的地方,$C_{d,i}=1, a_i=0$,根据(4.3)式,$R_{D,i}=0$,不存在干旱的风险。另一种是突发气象灾害,因为每一次灾害过程的防灾减灾能力难以预测,因此,我们实际上要评估的是灾害 h 可能的最大影响:

$$\max R_{Dh} = \sum_i V_{e,i} \cdot V_{d,i} \tag{4.4}$$

风险评估的第一步是评估受灾害 h 影响的每一种承灾体的数量和价值量(物理暴露 $V_{e,i}$,

总的物理暴露为：

$$R_{Dh,quantity} = \sum_i V_{e,i} \qquad (4.5)$$

如果我们能做到这一点，我们的决策气象服务便上了一个新台阶。

第二步是进一步评估可能的经济损失。因为对承灾体灾损敏感性$V_{d,i}$的研究十分薄弱，所以，基于承灾体灾损敏感性的可能经济损失评估十分困难。目前一般是根据某一灾害历史的经济损失率评估当前可能的经济损失，我们将在4.5节—4.8节中予以阐述。

4.1.2 风险评估流程

首先预报气象灾害的强度和影响区域，其次评估受灾害影响区域内承灾体的数量和价值量及可能的损失量。

(1)气象灾害预报

因为致灾临界气象条件是气象灾害发生的充分必要条件，因此气象灾害预报实际上是致灾临界气象条件预报。我们在2.1节中已经指出，致灾临界气象条件与灾害性天气的级别有着本质的区别，很多致灾临界气象条件对应的是气象要素/天气现象的量值而不是它们的量级，例如致洪的降水量是以毫米为单位计量的，而与降雨的量级（大雨、暴雨等）无关，降水量级预报已不能满足气象灾害预报和风险评估的需求，因为临界（面）雨量可以是任何量值的降水量，因此必须开展精细的降水量预报。从上面的阐述还可以看到，致洪的降水量的时间和空间分辨率都很高，需要精细的雨量监测和预报做支撑。

气象灾害预报和风险评估是为了实时防灾减灾，因此，气象灾害预报不仅需要精细的气象要素和天气的预报，而且需要有比较高的时间和空间分辨率和准确率，政府和公众才能有效地防御灾害、减少损失。否则，常喊"狼来了"，狼就是不来，气象灾害预报便会失去政府和公众的信任，气象灾害真来临时预报便没有人相信了。从目前气象预报的科技水平分析，除了明显的系统性天气过程和少数气象要素（例如温度）的短期预报可以用于防灾减灾之外，其他气象灾害特别是突发气象灾害，主要依靠监测现报和临近预报。虽然现报和临近预报时效短（0～2 h），但是从天气发生到灾害形成有一个过程，只要能解决好预警信息的即时发布问题，政府和公众仍然来得及防御灾害。

(2)确定气象灾害影响范围

对于温度、风、冰雹、雾、沙尘暴等气象要素和天气现象，它们致灾的阈值（致灾临界气象条件）预报所覆盖的范围便是气象灾害影响范围。

然而，降水的预报范围（落区）并不是灾害的影响范围，还需要发展淹没模型来得到强降水的淹没范围。淹没模型有统计模型和水文模型两种，统计模型是根据历史上出现过的洪涝灾害的淹没范围来估计当前同样强度洪涝灾害（即同样强度的面雨量）的淹没范围及水深，只要孕灾环境和防灾工程没有发生变化，统计模型不失为一种有用的模型。水文模型是在精细的GIS支持下，根据地形（DEM数据）、排泄条件等模拟洪水汇流、淹没范围和水深。对于流域面积较大的河流洪水淹没模拟，使用1∶5万GIS数据可以得到较高的精度。对于山洪淹没模拟，则需要使用1∶1万的GIS数据，当无法获取高精度GIS数据时，则必须对山洪沟河道参数（宽度、深度等）进行调查，在模拟时进行必要的"挖沟"处理。

（3）风险评估

第一步评估灾害覆盖范围内受影响的承灾体的数量和价值量，这需要建立承灾体的数据库。第二步评估可能的经济损失和人员伤亡。

4.1.3　建立基于 GIS 的承灾体数据库

为了评估气象灾害对承灾体的影响，应当建立基于 GIS 的承灾体数据库，目前 GIS 中已包括村镇、土地利用等数据，还需要增加人口、房屋、财产、道路、桥梁、行政机构、学校、企事业单位、商业单位、风景名胜等数据。例如对于评估中小河流的洪涝风险，应当建立如下数据库：

（1）易灾区空间数据库

模型中涉及流域的空间数据有 5 种。

①DEM 数据；

②圩堤分布数据；

③村、镇分布数据，如果有可能应当增加村镇人口、房屋分布等数据；

④道路、桥梁等基础设施分布数据；

⑤流域土地利用类型分布数据。

此 5 种数据均为栅格数据。

（2）易灾区属性数据库

①村镇索引数据为文本文件，数据构成为：村镇中心点 X 坐标、村镇中心点 Y 坐标、村镇行政编码（9 位数）、村镇索引号、所属分区。如果有可能，还应当增加村镇内每幢房屋的坐标和入住人口、财产数量及属性等。

②圩区索引文件为文本文件，数据构成为：圩区索引号、圩区编码、堤顶高程（m）、排涝流量（m/s）。

③圩区——村镇对应数据二进制文件，是利用空间数据库中圩区分布数据和村镇行政分布数据转换得到。数据构成为：圩区索引号、圩区中包含村镇数（n）、圩区总栅格数、村镇索引号、该村镇落于该圩区栅格数。后两项共 n 组。如果有可能，还应当增加村镇内每幢房屋的坐标和入住人口、财产数量及属性等落于该圩区栅格数。

④圩区——高程索引数据二进制文件，是利用空间数据库中圩区分布数据和 DEM 数据转换得到。数据构成为：圩区索引号、高程等级数（n）、最小高程（m）、高程（m）栅格数。后两项共 n 组，高程由小到大排列。

⑤土地利用类型文件二进制文件，是利用空间数据库中土地利用类型分布数据和 DEM 数据转换得到。数据构成为：村镇索引号、村镇总栅格数、水田、旱地、林地、经济作物、草地、河湖、池塘、滩涂、城镇、居民地、工矿企业、机场、其他用地（未利用地、裸地、裸岩等）。各类土地利用面积均为栅格数。

4.2　应用统计模型的洪水风险评估

深圳市气象局正在逐步展开对本市所有社区水浸风险的评估工作，并为各社区制作防御明白卡。所用的方法就是统计淹没模型，即根据历史上的淹没情况来评估当前同样降雨量下的淹没区域和水深，并评估水浸的风险。在城市排水条件没有发生变化的情况下，可以应用统计淹没模型来评估水浸的风险。下面仅以深圳市星海名城社水浸风险评估为例予以说明。

(1)承灾体概况

深圳市星海名城社区面积 1.2 km²,总人口 22013 人,其中外来人口 8733 人。主要产业为商业和住宅。星海名城社区平均海拔 5 m 以下,地势低,易受内涝灾害。

(2)临界面雨量及水浸深度

当日雨量≥110 mm 或小时雨量≥50 mm 时,星海名城社区会出现二级水浸灾害,主要易涝点及水浸水深如下:

1)星海名城七组团地下车库入口,最深 0.6 m。

2)一期地下车库,最深 0.1～0.2 m。

3)前海路边 101 岗亭,最深 0.7 m,水可以把路面下水井盖冲起来。

4)三期地下车库出入口,最深 0.1 m。

5)北大附中后门,最深 0.3 m。

6)六期地下停车场门口,最深 0.5～0.6 m;停车场内,最深 0.4 m。

(3)风险评估

1)危险高压设备和风机房各 1 处:六期地下停车场内的高压设备和风机房易水浸而导电致人伤亡;

2)易水浸的车库 4 处:星海名城七组团、一期、三期、六期地下车库易水浸,易因车辆受淹造成大的经济损失;

3)危险水井盖 1 处:前海路上,靠近星海名城的 101 岗亭的水井盖易被水冲起,给行人和行车造成危险隐患。

4.3　应用水文淹没模型的洪水风险评估

水文淹没模型具有漫坝淹没、溃坝淹没、强降雨淹没三个模块,并且还可以进行漫坝淹没＋强降雨淹没、溃坝淹没＋强降雨淹没叠加,可以用于各种情况下的洪水淹没模拟,得到淹没范围和水深随时间的变化;在承灾体数据库的支持下,容易评估被水淹的承灾体的数量和价值量,如果还有历史灾损资料,便可以评估可能的损失了。下面举 3 个例子分别说明应用强降雨淹没、漫坝淹没(山洪)和溃坝(分洪)淹没模型进行风险评估的例子,第一个例子由于有历史灾损资料的支持,还做了经济损失评估。

4.3.1　2010 年武汉江夏特大暴雨洪涝风险评估

(1)过程概述

2010 年 7 月 8—16 日受中低层切变线影响,湖北省出现梅雨期的持续性集中暴雨过程,雨带稳定少动,降水持续、强度大。强降水主要集中在鄂东、江汉平原东南部,江夏站 7 d 最大降水量达 579 mm、连续 4 d 暴雨,创历史新记录。

(2)暴雨洪涝过程模拟

第 9 章作者李兰等将江夏区 2010 年 7 月 11 日至 13 日逐时面雨量数据输入湖北省气象局自主开发的暴雨洪涝淹没模型之暴雨洪涝模型,可推算出相应的淹没面积和渍水深。

表 4.1 给出了推算的淹没面积与渍水深度。

表 4.1　2010 年 7 月 11 日至 13 日武汉市江夏区洪水淹没面积统计

序号	水深(m)	像元数	面积(10^3 hm^2)
1	<0.5	664375	41.39082
2	[0.5,1)	127195	7.92430
3	[1,2)	97301	6.06189
4	[2,3)	37590	2.34187
5	[3,5)	24097	1.50125
6	[5,7)	4291	0.26733
7	[7,10)	700	0.04361
8	>10	1488	0.09270
合计		957037	59.62377

由表 4.1,利用 2005 年武汉市江夏区土地利用类型资料,可以大致推算出各种土地利用类型在各水深段的淹没面积,如表 4.2 所示。

表 4.2　武汉市江夏区各土地利用类型在各水深段的淹没面积(单位:km^2)

水深/m	0	(0,0.5)	[0.5,1)	[1,2)	[2,3)	≥3	合计
耕地	1117.4949	99.4572	42.7851	37.8882	16.7868	13.5846	1327.997
林地	96.984	0.6813	1.1529	1.1367	0.5796	0.4923	101.0268
草地	24.0741	0.1548	0.1008	0.0486	0.0207	0.0396	24.4386
城乡工矿居民用地	53.3592	3.2211	1.1358	0.7983	0.306	0.2259	59.0463
未利用地	20.6325	5.0481	0.4059	0.3006	0.2412	0.2052	26.8335
水域							471.6801
合计(不含水域)	1312.5447	108.5625	45.5805	40.1724	17.9343	14.5476	1539.3422

(3)财产经济损失评估

利用历史经济损失数据(见本书第 9 章),结合淹没面积与渍水深度的数据,可以得出洪灾财产经济损失的状况,如表 4.3 所示。

表 4.3　2010 年 7 月 11 日至 13 日武汉市江夏区洪水直接经济损失

项目	直接经济损失/万元
农业	27173.05
林业	517.5209
牧业	16.1232
渔业	2834.1664
工业	8206.3431
建筑业	467.8471
批发零售业	5443.7057
餐饮业	435.8855
行政事业单位	9159.5226
房屋	0.3438
家庭财产	0.0625
水利设施	4499.2307
市政设施	1354.0262
合计	60107.82445

（4）模型结果验证

根据武汉市江夏区灾情统计表（见本书第 9 章），将表 4.3 结果与实际灾情相比，发现模型推算的结果比实际上报直接经济损失 7.895 亿元小（约 30％），模型推算结果基本能够反映出此次灾害所造成的经济损失。

4.3.2　山洪风险评估

第 5 章作者高建芸等选择闽江上游金溪流域的宁化渔潭为研究对象，该流域位于福建省三明市宁化县境内，流域内部地势相对平坦，流域周围被高山环绕，整个流域海拔为 349～1100 m。流域内有水茜溪和东溪两条河流，并在流域西南部出口处汇合。整个流域面积 632 km²，流域涉及水茜、泉上、湖村、中沙 4 个乡镇的部分或全部区域。

取渔潭流域中落差相对较小且两岸居民相对集中主河道，对河道进行栅格化，河道高程代表河道基面高度，根据水位过程线的高度用"FloodArea"淹没模型进行"河道漫顶式"模拟，得到渔潭流域下游河道两岸不同风险等级的淹没情况（表 4.4）。

表 4.4　渔潭流域下游两岸不同风险等级淹没面积

风险等级	水位（m）	淹没面积（km²）	描述
高风险	≥328	110.8	重（淹没居民点）
中风险	327～328	101.5	中（淹没农田）
低风险	326～327	82.5	低（漫堤）

4.3.3　2007 年 7 月 10 日王家坝开闸泄洪过程风险评估

第 8 章作者田红等选取 2007 年 7 月 10 日王家坝开闸泄洪过程来进行洪水淹没模拟，水文过程线采用王家坝闸泄洪过程的观测流量数据（图 4.1），以此为基础来进行洪水演进模拟。

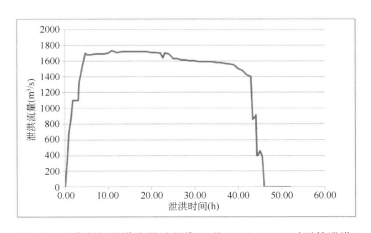

图 4.1　王家坝闸泄洪流量过程线（7 月 10 日 12：00 时开始泄洪）

　　从 2007 年 6 月 29 日开始,淮河、洪河上游普降大到暴雨、局部大暴雨,7 月 2 日 21 时,王家坝水位达设防水位 26.00 m;7 月 3 日 19 时 36 分,王家坝水位超警戒水位 27.50 m;此后直到 7 月 28 日 19 时 18 分才回落至警戒水位以下。历时 26 d,王家坝一直超警戒水位,经历四次洪峰,长时间在高水位运行,为有记录以来所罕见。7 月 6 日 5 时,淮河第一次洪峰到达王家坝,洪峰水位 28.38 m;7 月 10 日 12 时 28 分,王家坝淮河水位升至 29.48 m,超保证水位 0.18 m,按国家防总的命令,蒙洼蓄洪库 12 个年份第 15 次开闸蓄洪。开闸蓄洪时间共 45 小时 24 分,蓄洪量 2.5 亿 m³。

　　针对该次泄洪过程,基于已有水文、地理、遥感等数据,利用 FloodArea 模拟了本次过程,并通过与实际观测相对比,来检验模型模拟效果。

　　以 1 h 为时间步长进行洪水演进动态模拟,根据实测的王家坝泄洪闸流量—时间水文过程线(图 4.1),模拟总时长为 50 h。模拟结果以 ArcGRID 数据格式输出,以 1 h 为时间间隔记录了洪水演进过程中流速和淹没深度的时空物理场,淹没深度的模拟精度控制在 1 cm,不同时相的洪水演进过程图略,在模拟结束时,洪水淹没范围已基本覆盖整个蓄洪区。

　　为了验证模型模拟效果,采用蒙洼蓄洪区内的曹集水文站同期水位观测结果,来与模拟结果进行对比分析。通过与曹集站实测水深动态变化的对比分析,可以看出模型能够较好地反映洪水演进的动态过程(图 4.2),表现了较强的动态模拟能力,能够为风险评估工作提供有效的工具基础和支撑。

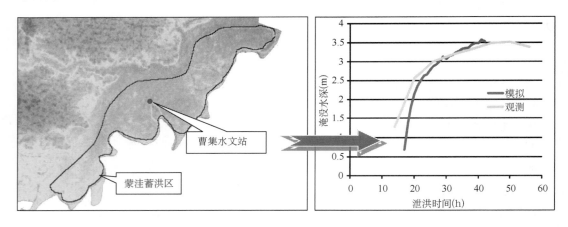

图 4.2　曹集站实测水深与模拟洪水淹没水深的对比

4.4　城市内涝风险评估

　　城市内涝风险评估则需要用到城市内涝模型。下面以 2011 年 10 月 13—14 日广州市中心城区内涝风险评估为例,予以说明。

　　受高空槽影响,10 月 13—14 日广州市出现大暴雨局部特大暴雨,全市有 5 个镇街录得特大暴雨的降水,最大日降水量达 319.7 mm,最大 1 h 降水量为 85.3 mm,重现期为 20 年一遇;这次强降水过程是 2011 年的最强降水,也是广州市 30 年 10 月份同期最强的降水,具有时间长、范围广、强度强的特点。

基于 10 月 13 日 08 时—14 日 07 时广州市中心城区区域自动站实测降水量、雷达估测雨量(QPE)和易涝点致灾临界降水指标,对广州市中心城区易涝点进行风险评估(图略)。根据风险评估结果,此次强降水过程可能造成广州市中心区 40 处易涝点出现高风险内涝灾害,104处易涝点出现中风险内涝灾害。

另外,基于广州中心城区区域自动站实测降水量,采用广州市中心城区积涝淹没模型对 10 月 13 日强降水过程造成的城市内涝进行了风险评估模拟,结果显示:此次强降水过程可能造成广州市 90 处地段出现积水,35 处为高风险(积水深度超过 60 cm),高风险城市内涝灾害地段主要分布在越秀区和天河区。评估越秀区和天河区的部分路段交通可能被阻断,地势较低的居民住宅小区、沿街商铺和地下停车场可能遭到水浸。34 处为中风险(积水深度 20~60 cm),21 处为低风险(积水深度 10~20 cm)等级判别标准。

根据广州市城市内涝灾害风险评估结果,此次强降水过程造成广州市越秀区和天河区发生较重的城市内涝,部分路段交通可能被阻断,地势较低的居民住宅小区、沿街商铺和地下停车场可能遭到水浸。

根据排水管理中心数据和新闻媒体报道统计:本次降水过程造成中心城区出现大面积积涝,其中越秀区、天河区和荔湾区内涝灾害较重。中心城区共有 32 个点出现高风险内涝,风险评估准确率为 76%。有 60 多个点出现中风险内涝,风险评估准确率为 70%。

通过模拟结果与收集到的实际内涝点分析比较发现,模型在大部分地区尤其是越秀区和天河区模拟结果与实际灾情较为符合。但由于珠江潮水的顶托作用,不利于下水道泄洪,可能增大了暴雨带来的影响。

4.5 基于气象灾害预报和历史灾损资料的风险评估

基于气象灾害预报和历史灾损资料的风险评估模型也是在气象灾害预报的基础上,评估受气象灾害影响范围内承灾体的可能损失,不过它所用到的评估资料是历史灾损资料。

因为承灾体的脆弱性与很多因素有关,例如经济越发达的地区财产密度和人口密度越大,即物理暴露量越大;与此同时,承灾体的灾损敏感性也减小了,例如房屋抗风能力增加了;防灾减灾抗灾能力也增强了,尤其是对于中国,30 年来经济社会发展迅速,承灾体脆弱性变化很大,历史灾损资料并不能真实反映灾害的强度,因此,使用历史灾损资料来评估现在的灾害风险,按理应当去除这些因素的影响,进行必要的订正。

(1)农业灾损风险评估

农业除了设施农业之外,是露天生产的行业。30 年来,农作物品种变化较大,农作物的脆弱性发生了变化,但是历史受灾面积资料只与气象灾害本身有关,与农作物的脆弱性无关,因此历史受灾面积资料可以连续使用,无须订正;但是,历史灾损产量资料则与农作物的脆弱性有关,需要进行生产力订正;若使用历史农业经济损失资料则需要进行更多的订正(见(2)、(3))。

(2)经济损失风险评估

经济损失包含着物价变化、经济增长率等诸多因素。我们知道,经济越发达,自然灾害造成的损失就越大,这是因为受灾地区的财产密度随着经济的发展而增加,所以出现同样强度的灾害,灾害造成的经济损失就越大。因此,在使用历史上经济损失的资料时应当进行两项订正:物价订正和 GDP 增长率的订正。如果物价和 GDP 增长率相同,那么用某地的经济损失除以同一地区当年的 GDP 便可以消除这两种因素的影响,可称之为因灾经济损失指数。另外,一个地区的富裕程度基本上可以反映承灾体灾损敏感性和防灾减灾抗灾能力,进行富裕程度订正后,历史灾损资料也可能用于风险评估。

(3)人员伤亡风险评估

人员因灾死亡人数是与人口密度有关的,同样强度的灾害,人口密度越大,可能造成的人员死亡数越大,因此在使用因灾死亡人数的历史资料时应当予以订正,最简单的订正方法是评估区因灾死亡人员除以当年的人口数量,可称之为因灾人员死亡指数。

在灾损资料进行订正之后,可以采用相似、相关、分布函数法等方法进行风险评估。

4.6　分布函数评估法

分布函数评估法的基本思路是根据历史资料分析总结出气象灾害对不同承灾体造成灾害损失占经济总量(例如 GDP)的百分比作为风险分布函数。

在实时业务评估中,根据当前气象灾害预报,可以知道评估地区所受气象灾害影响的部位和强度,查出其分布函数,再乘以该地区目前的经济密度,就可以得到经济损失评估结果。

4.6.1　城市洪灾经济损失评估

李汉浸等(2009)根据 1995—2004 年濮阳高新区气象和洪灾资料,分析了洪灾时空分布及城市经济损失特征,探讨了洪灾损失的评估方法。概括起来,洪灾损失评估工作大体分为以下几个步骤:搜集社会经济调查资料、社会经济统计资料和空间地理信息资料,运用面积权重法、回归分析法等对社会经济数据进行空间求解,获取洪灾范围内不同淹没水深下的财产类型、数量及分布;选取具有代表性的典型区域、部门等分别调查统计,根据资料计算不同水深历时条件下,各资源类型的洪灾损失率;根据灾区内各资源类型的分布和洪灾损失率,按公式计算洪灾经济损失;现场实地调查暴雨洪涝范围、水深、历时等致灾特性,评估可能造成的经济损失。

(1)洪灾损失率关系模型

建立洪灾损失率关系模型是进行洪灾损失评估的关键。洪灾损失率是指洪灾区分类财产损失的价值与灾前原有财产价值之比。影响洪灾损失率的因素主要是洪灾水深、淹没历时、财产类型、预警时间、救灾措施等。

为对灾区各类资产总价值作出合理快速的统计,针对灾区的空间资产分布特征,建立街区资产分配法,计算公式如下:

$$P_{ij} = P_{sj} \frac{B_i Y_{ij}}{\sum_{i=1}^{n} B_{ij} Y_{ij}} \tag{4.6}$$

式中 P_{ij} 和 P_{sj} 分别为第 i 个街区单元的第 j 类资产价值与计算区内第 j 类资产价值总数;B_{ij} 和 Y_{ij} 分别为第 i 个街区单元的面积及该街区单元内第 j 类资产的相关属性密度(如房产的相关属性是房价);n 是计算区内街区单元总数。

洪灾直接经济损失是洪灾损失评估的中心内容,它可以按财产类型、经济发展水平与洪灾程度水深、历时等,分部门、分区、分级计算,并进行累加。计算公式如下:

$$D_d = \sum_{i=1}^{n} \sum_{j=1}^{m} \sum_{k=1}^{l} W_{ijk}\ \eta_{ijk} \tag{4.7}$$

式中D_d为洪灾直接经济损失;W_{ijk}、η_{ijk}分别为第k级洪灾范围内、第j级经济分区、第i级财产值和相应的损失率;n为财产类型数,m为按经济发展水平分区的分区数,l为洪灾程度(水深与历时)的分级数。

(2)城市洪涝灾害评估模型

淮阳高新区总服务面积 247 km²,是淮阳市重要的经济集中区。根据降水强度、历时和受灾实况统计得出,1994—2004 年淮阳高新区共出现较为严重的洪灾 11 次。依据文中前述方法,首先根据每次洪灾实况,按降水强度、历时天数确定洪灾等级,然后根据等级不同,利用当地政府有关权威部门提供的灾前社会经济资源数据和受灾区每次洪灾中各种资源类型的经济损失情况,分别进行统计(政府有关权威部门指政府防灾救灾办公室、经济、统计、民政、气象、保险等部门),结合对应年份各类资产原有价值,计算出每次洪灾各种资源类型的损失率和受灾比例,最后通过回归分析和加权平均求算出不同洪灾等级各种资源类型的损失率和受灾比例,计算结果见表 4.5 和表 4.6。

表 4.5　淮阳市高新区不同洪灾水深历时与受灾比例平均状况

洪灾历时(d)	不同洪灾水深的受灾比例(%)			
	0～0.5 m	0.5～1.0 m	1.0～1.5 m	>1.5 m
2	10	20	25	45
3	18	25	30	50
4	25	30	35	60

表 4.6　淮阳市高新区不同洪灾水深的分类资产损失率平均

资产类型	不同洪灾水深的损失率(%)			
	0～0.5 m	0.5～1.0 m	1.0～1.5 m	>1.5 m
城市基础资源	2.1	2.6	3.5	10.6
自然资源	2.8	3.3	4.1	20.2
行政事业资源	1.0	1.9	3.1	9.8
工商企业资源	1.8	2.5	4.6	16.2
居民财产	0.3	1.5	6.8	22.8
城市生命线工程	1.9	3.1	5.2	26.2
其他	含救济费,企业停、限产损失等,以总损失的8%计算			

很显然,随着城市建设的发展、排水能力的增加,表 4.5 中的数据需要重新修正。另外,随着城市的发展,各种资源及脆弱性也在发生变化,表 4.6 所列的数据也需要重新修正。

4.6.2 洪涝农业损失评估

设某地区总雨量≥200 mm,持续降水两天,排水条件不畅的地区会受淹,从分布函数上看会造成农作物 40% 的损失。如当年农作物产值为 150000 元/hm²,则将造成 60000 元/hm² 的损失。

此方法的关键是从历史资料中算出分布函数,需要较长时间的历史资料。因为该方法使用灾害损失占经济总量(例如 GDP)的百分比作为风险分布函数,消除了物价和 GDP 增长的因素,因此可用于实时风险评估。如果用其他因子(例如直接经济损失)的分布函数,则需要进行物价和 GDP 增长两项订正。

这种方法实际上假定孕灾环境没有发生变化,如果孕灾环境变了,例如修建了防灾工程(修建了农田排涝工程),则利用孕灾环境变化前的资料求得的分布函数不能用于孕灾环境变化后的风险评估。

4.7 历史情景类比法(历史相似评估法)

历史相似评估法的主要思路是在历史资料库中找出所评估的气象灾害强度和范围相似的若干个例,相似程度必须大于 0.5 的个例才能选为相似个别,根据相似程度分别给予每个相似个例一定的权重,然后对相似个例的灾损资料进行必要的订正,最后对相似个例订正后的灾损资料进行加权求和便得到这种灾害的灾损风险值。

例:对于某个个例 M,从历史上选出三个相似个例 A、B、C

其相似程度分别为 0.9、0.7 和 0.6,将相似系数归一化:对于个例 A 为:$0.9/(0.9+0.7+0.6)=0.41$,同样对 B 和 C 分别为 0.32 和 0.27。

A、B、C 三个时期的 GDP 是 M 时期 GDP 的 $a\%$、$b\%$、$c\%$。

设相似个例灾害经济损失分别为 E_a、E_b、E_c,则得到个例 M 的经济损失:

$$E_m = a\% \times 0.41 \times E_a + b\% \times 0.32 \times E_b + c\% \times 0.27 \times E_c$$

如果评估的是受灾面积 S_i,则不需要进行经济发展和物价订正:

$$S_m = 0.41 \times S_a + 0.32 \times S_b + 0.27 \times S_c$$

历史相似评估法的最大局限性是难以找到相似的个例,对于灾害风险评估而言,只有致灾因子的强度和地理上的分布相似,产生的灾损才有可能相似,要寻找这样的相似个例无论是方法还是个例的数量都难到。为了获得足够多的历史样本,就需要长历史序列的个例,这又带来另外一个问题,在长的历史时期内,承灾体的易损性发生了很大的变化,需要订正的不仅是经济发展速度和物价指数,还要考虑防灾减灾能力等问题。

4.8 致灾因子与灾损相关型风险评估模型

致灾因子与灾损相关型风险评估模型是通过建立致灾因子与灾损的相关关系来评估灾害的风险。

设灾害损失矩阵为:$(y_1, y_2, \cdots, y_n)$,y_i 为第 i 个灾损指标,例如死亡人数、直接经济损失等。

设致灾因子矩阵为：$(x_1, x_2, \cdots, x_m)$，x_i 为致灾因子，例如降雨量、风力等。

建立致灾因子与灾损相关模型：YA＝XB＋U。

首先讨论模式的可识别性，若不可识别，则需要调整灾情项数和因子个数，使之达到可识别。

最后，用 2SLS（两段最小二乘估计法）估计参数矩阵 A 和 B，便得到了致灾因子与灾损的相关模型。

陈舜华等（1994）利用 1954—1984 年 28 个台风影响福建省的比较完整的资料进行灾害评估，灾损指标有三个：y_1——受灾面积（万亩①），y_2——倒损房屋（百间），y_3——人员伤亡（人）。选取了 4 个气象因子：x_1——台风中心气压（hPa），x_2——过程降雨量（mm），x_3——风力（级），x_4——最大风速（m/s）。建立了两个模式：一个模式同时估测受灾面积、倒损房屋和人员伤亡的 3Y 模式；为作比较，又建立了同时估测受灾面积和倒损房屋的 2Y 模式。

对于模式可识别性的要求，作者主要是根据物理机制去挑选因子：中心气压和过程雨量主要影响受灾面积，风力和最大风速主要影响倒损房屋，而过程雨量和最大风速主要影响人员伤亡。

建立的福建省台风灾害评估的 3Y 模型如下：

$$\hat{y}_1 = -0.0019\,\hat{y}_2 + 0.3613\,\hat{y}_3 - 119.7435 + 0.1711\,x_1 - 0.1650\,x_2$$

$$\hat{y}_2 = 13.0398\,\hat{y}_1 - 3.6429\,\hat{y}_3 - 1401.4710 + 148.5950\,x_3 - 1.0437\,x_4$$

$$\hat{y}_3 = 1.9239\,Y_1 + 0.0541\,\hat{y}_2 - 263.9544 + 0.8560\,x_2 + 2.9531\,x_4$$

式中：$\hat{y}_1$、$\hat{y}_2$、$\hat{y}_3$ 分别是受灾面积、倒损房屋、人员伤亡的评估值。

2Y 模型为：

$$\hat{y}_1 = 0.1254 - 197.0752\,\hat{y}_2 + 0.1511\,x_1 + 0.4505\,x_2$$

$$\hat{y}_2 = -0.4132 - 1593.928\,\hat{y}_1 + 164.5272\,x_3 + 10.759\,x_4$$

将每个个例的实测值与模式计算的评估值分别求平均，用两母体均值相等的 t-检验两母体均值是否有显著性差异，若评估值与实测值之间并无显著差异，则评估值是有明显意义的，说明了对模式来说 2SLS 估计的无偏性。若用一般最小二乘（LS）估计就不具无偏性。检验结果三者皆通过两母体相等的 t-检验法。

虽然该评估模式能有效评估出灾害变化的趋势，但是对异常大值的误差较大，这是线性模型的通病，改进的方法之一是先作非线性变换，例如对数变换等，然后再做线性回归。本小节所举的例子未对灾损资料进行必要的订正，从方法论而言有缺陷，好在作者所用的是 1954—1984 年的灾损资料，福建省 1954—1984 年都处于贫穷时期，承灾体的脆弱性变化不大，因此，不对历史灾损资料进行订正也是可行的。

参考文献

李媛,孟晖,董颖,胡树娥.2004.中国地质灾害类型及其特征——基于全国县市地质灾害调查成果分析.中国地质灾害与防治学报,**15**(2):29-34.

陈舜华,吕纯濂,李吉顺.1994.福建省台风灾害评估试验.中国减灾,**4**(3):31-34.

李汉浸,等.2009.濮阳高新区洪灾城市经济损失评估.气象,**35**(1):97-101.

---

① 1 亩＝1/15 hm²。

王船海,程文辉. 1987. 河道二维非恒定流计算. 河海大学学报(自然科学版),**15**(3):39-53.

王建鹏,等. 2008. 基于内涝模型的西安市区强降水内涝成因分析. 气象科技,**36**(6):772-775.

赵克玉. 2004. 天然河道一维非恒定流数学模型. 水资源与水工程学报,**15**(1).

章国材. 2010. 气象灾害风险评估与区划方法. 北京:气象出版社.

Anon,Webster's. 1989. *Encyclopedic Unabridged Dictionary of the English Langnage*,Gramercy Books. NewYork.

David Alexander. 1997. The study of nature disasters(1977—1997):Some reflection on a Changing field of knowledge. *Disasters*,**21**(4):284-304.

Davidson R A,Lamber K B. 2001. Comparing the hurricane disaster risk of U S coastal counties. *Natural Hazards Review*,(8):132-142.

FEMA. 2004. Using HAZUS-MH for Risk Assesment.

FEMA. 2005. HAZUS-MH:Earthquake Event Report.

Gary Shook. 1997. An assessment of disaster risk and its management in Thailand. *Disaster*,**21**(1):77-78.

Greving. 2006. Multi-risk assessment of Europes region. In:Birkmann J. ed. *Measuring Vulnerability to Hazards of National Origin*. Tokyo:UNU Press. 210-226.

http//data. undp. org. in/dmweb/pub/LLRM. pdf.

http://www. cusec. org/hasus/centralus/rt_global. pdf.

http://www. fema. gov/plan/prevent/hazus/dl_fema433. shtm.

International Bank for Reconstruction and development/The World Bank and Columbia University. 2005. Nature disaster hotports:A global risk analysis. http://publication. worldbank. org/ecommerce/catalog/product? item_id=4302005.

Louis Solway. 1994. Urban developments and megacities:Vulnerability to natural disaster. *Disaster Management*,**6**(3):160-169.

National Disaster Management Division,Ministry of Home Affair,Government of India. 2007. Local Level Risk Management-Indian Experience.

Robert S Davis. 2005. Flash Flood Forecasting. *International Symposium on Rainstorms*,*Inundation*,*and Disaster Mitigation*. Zhengzhou City,Henan Province,China.

UNDP. 2004. Reducing disaster risk:A challenge for development. John S. Swift Co. ,USA. www. undp. org/bcpr.

Wilson R,Crouch E A C. 1987. Risk assessment and comparison:An introduction. *Science*,**236**(4799):267-270.

下编　方法和实践篇

　　2010—2011 年中国气象局组织安徽、江西、福建、湖北、广东、贵州等省气象局开展了中小河流洪水、山洪、地质灾害预警和风险评估业务试点,在试点省气象局的共同努力下,暴雨洪涝预警和灾害风险评估业务试点取得了显著成效。通过试点,研究了各种实用的确定中小河流洪水、山洪、城市内涝致灾临界降水量的计算方法;自主研发或引进了洪水淹没模型,能实时动态模拟洪水的淹没范围和水深,初步建立了试验区基于 GIS 的承灾体数据库,开发了基于致灾临界气象条件和面向实时气象防灾减灾的气象灾害风险评估技术,建立了以 GIS 为平台的气象灾害风险评估业务系统,初步实现了在中小河流洪水、山洪、城市内涝不同风险等级下,对各种承灾体数量影响的评估,为中小河流洪水、山洪、城市内涝监测预警和风险评估提供了成套技术和方法。

5 福建省中小河流、山洪灾害风险评估方法

高建芸　张容焱　游立军　文明章　林　昕　唐振飞

(福建省气候中心)

2011年福建省气候中心承担了国家《暴雨洪涝气象灾害风险评估》业务试点工作,开展福建山洪灾害风险评估方法的研究。

该研究选择闽江上游泰宁上清溪、将乐安福口溪、宁化的翠江和水茜四个小流域为研究对象,四个试验点皆具有福建山洪的典型特征,即流域面积小、高程落差大,皆处于闽北前汛期暴雨集中区以及地质灾害频发区。在人烟稀少的山谷里,开展山洪风险评估最大的瓶颈问题是水文、气象资料的严重稀缺和不足,为此项目组经多方调研与学习,针对4个实验点特征,研制了三种可行的山洪灾害风险评估方法:

(1)针对有水位和流量等水文观测资料的流域:应用逐时面雨量资料和流量资料,先采用Topmodel进行径流模拟,得到致灾临界面雨量,再根据水位与流量的关系,得到水位过程线,代入FloodArea淹没模型进行模拟,得到淹没水深和面积,进行风险评估。

(2)针对有水位资料,但没有流量观测的流域:应用长期的逐时雨量资料和水位资料以及历史特大洪水记载,采用统计分析方法确定雨-洪关系、致灾临界面雨量,再应用FloodArea淹没模型进行模拟,得到淹没水深和面积,进行风险评估。

(3)针对无任何水文观测资料,但有典型山洪个例淹没水位记录的流域:根据实地考察获得的典型山洪淹没详情、河道基本参数、淹没水深等资料调试FloodArea淹没模型的参数,反演洪水过程,结合逐日面雨量资料得到致灾临界面雨量以及对应的淹没水深和面积,然后针对不同隐患点进行风险评估。

以上三种方法中,除第二种方法(见5.2节)可以找到大量历史记载为研制的指标做佐证,结果具有一定的代表性外,其余两种方法因建模的个例稀缺,可能存在某种局限。其中第一种方法(见5.1节)受资料限制,仅根据两个一般洪水过程的水文资料和流域断面坝高,通过水文模型获得的雨-洪关系确定临界面雨量等级,因此风险等级能否代表实际山洪风险,有待于日后个例的检验与调整。第三种方法(见5.3节)同样受资料限制,仅根据一个特大洪水过程的现场调查,通过淹没模型反演洪水过程,得到的面雨量和洪水关系确定临界雨量等级,因此风险等级划分是否合理,有待于日后个例的检验与调整。

在不同的山沟小流域,由于地质构造、观测手段、环境状况差异很大,应根据具体地点,在充分考察和分析山洪形成的机理后,折衷选择合理的研究方案制作风险评估,这一点很

重要。希望本项目的成果能够起到抛砖引玉的效果,能够为山洪灾害风险评估工作提供一些思路和方法,有助于提升气象部门山洪灾害风险评估的能力。也希望广大业务人员在本地化应用中提出反馈、修改和补充建议,以便于山洪灾害风险评估方法的改进和完善。

5.1　水文模型与淹没模型相结合的风险评估方法

5.1.1　引言

本文所指的"山洪"是指山区溪沟中发生的暴涨洪水,流域面积小于 200 km^2,具有突发性、水量集中、流速大、冲刷破坏力强的特点。山洪及其诱发的泥石流、滑坡,常造成人员伤亡,毁坏房屋、田地、道路和桥梁等,甚至可能导致水坝、山塘溃决,对国民经济和人民生命财产造成严重危害。近年来我国湖南、四川、陕西、福建、贵州等省相继发生特大山洪灾害,均造成了严重人员伤亡和经济损失。防御山洪灾害已得到了各级政府的高度重视,这对山洪灾害风险评估提出了迫切的服务需求。

山洪灾害风险评估的关键有两点,一是致灾临界面雨量的确定,另一个关键点是风险评估。致灾临界面雨量的分析计算与确定是山洪灾害研究的重要基础(章国材,2010)。对于无资料或资料比较缺乏的地方,临界雨量的分析方法主要采用内插法、比拟法、山洪灾害事例调查法、灾害与降水频率分析法等(陈桂亚等,2005),这些方法多从雨量本身或灾情方面出发,没有考虑水文过程。美国水文研究中心研发的山洪指导(flash flood guidance,FFG)法基于动态临界雨量的概念,以小流域内已发生的降雨量,通过水文模型分析计算,反推出流域出口洪峰流量达到预先设定的预警流量所需的流量值,该方法兼顾了运行效率和水文过程,适合运用于有水文资料的流域(刘清娥等,2002),例如中小河流。山洪灾害风险评估的另一个关键点是风险评估,目前的风险评估多为定性的结果,或是基于历史数据得出的"静态"的评估结果,无法"动态"的进行风险评估。随着 GIS 技术应用的不断深入,可以在 GIS 平台上获取洪水淹没的范围,结合承灾体属性就可以实现洪水的动态定量评估。

在具有水位和流量等水文观测资料的流域,应用水文模型,获取致灾临界面雨量并进行风险评估,致灾临界面雨量的计算采用水文模型来推求径流、水位、雨量彼此间的关系,它能够更好、更精确地模拟出山洪灾害的雨洪关系。风险评估采用淹没模型来模拟淹没范围和水深,它不仅能够结合临界面雨量得出"静态"的风险评估结果,还能针对每次山洪灾害过程的不同时刻进行"动态"的评估。

本文尝试应用水文模型分析具有较完整的水文资料,但仅有有限个洪水过程水文记录样本的流域,应用逐时面雨量资料和流量资料,先采用 Topmodel 水文模型进行径流模拟,得到致灾临界雨量;再根据水位与流量的关系,得到水位过程线,代入 FloodArea 淹没模型进行模拟,得到淹没水深和面积,最后对不同隐患点进行风险评估。

5.1.2 方法简介

5.1.2.1 "Topmodel"水文模型

1979 年,Beven 和 Kirkby 提出了以地形为基础的 Topmodel 半分布式流域水文模型（Topgraphy based hydrclogical Model）。Topmodel 是以地形为基础的模型,基于 DEM 推求地形指数来反映流域水文响应特性,模拟变动产流面积的概念（刘志雨等,2010）,即流域总径流是饱和坡面流和壤中流之和。地形指数的大小和分布是影响模型产汇流计算的重要因子之一,模型中采用 Quinn 提出的多流向法,将网格单元的地形指数看作是随机变量,经过统计分析得到地形指数的频率密度分布,地形指数相同的网格具有相同的水文响应,用"地形指数—面积分布函数"来描述水文特性的空间不均匀性。Topmodel 的汇流计算主要应用坡面径流滞时函数和河道演算函数,汇流计算主要采用单位线的方法,河道演算采用河道平均洪峰波速的方法,常采用简单的常波速洪水演算方法（徐宗学等,2009）。本文采用兰开斯特大学环境与生物科学研究所开发的 Topmodel 95.02 版本,共有 7 个参数,分别是:Szm 为土壤下渗率呈指数衰减的速率;T_0 为土壤刚达饱和时的传导度;T_d 为重力排水的时间滞时参数;Srmax 为根带最大蓄水能力;Sr0 为根带土壤的初始缺水量;RV 为地表坡面汇流的有效速度;CHV 为主河道汇流的有效速度（梁忠民等,2009）。

Topmodel 模拟流域径流的过程如图 5.1 所示。模拟之前首先利用 GIS 平台的水文模块划分流域边界和计算流域面积,之后利用模式提供的模块提取流域地形指数分布,对于确定的流域其地形指数分布是固定的。在模拟径流时,把流域面雨量和蒸发时间序列输入 Topmodel 模型,可以得到流域出口的流量序列。最后利用目标函数比较实测流量和模拟流量的差别,通过不断优化参数取值得到符合该流域的一套模型参数（张亚萍等,2008）。本文的目标函数选用确定性系数 R^2（长江水利委员会,1993）:

$$R^2 = 1 - \frac{\sum_i (Q_i - \hat{Q}_i)^2}{\sum_i (Q_i - \overline{Q_c})^2} \tag{5.1}$$

式中,Q_i 和 $\hat{Q}_i$ 分别为实测流量和模拟流量;$\overline{Q_c}$ 为对应时期的平均实测流量。

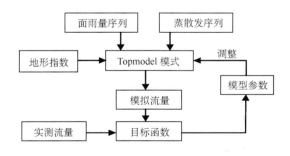

图 5.1 Topmodel 水文模型计算流程图

5.1.2.2 "FloodArea"淹没模型

基于 GIS 栅格数据,德国 Geomer 公司开发了内嵌于 GIS 平台 ArcView3.x 的扩展模块 FloodArea,专门用于洪水演进模拟与动态风险制图。FloodArea 采用 ArcGRID 数据格式,基于数字高程模型进行水文—水动力学建模,淹没过程的水动力由二维不恒定流洪水演进模型完成。充分考虑了地形坡度和不同地表覆盖形态下地面糙度对洪水演进形态的影响;洪水以给定水位、给定流量和给定面雨量三种方式进入模型,并可根据水文过程线进行实时调整,"FloodArea"在每个时相的运行过程,即运行时间与相应淹没范围和水深,都以栅格形式呈现和存储,直观明了,易于查询(苏布达等,2005),可视化表达流向、流速和淹没水深等水文要素的时空物理场,为洪水淹没风险动态制图提供了有效工具。

淹没模拟过程中,水流对邻近栅格单元的泻入速度由曼宁公式计算(Geomer,2003),公式如下:

$$V = k_{st} \cdot r_{hy}^{2/3} \cdot I^{1/2}$$

其中:V 为水的流速;k_{st} 为水力糙度;r_{hy} 为水力半径,即流体截面积与湿周的比值,湿周指流体与边壁接触的周长,不包括与空气接触的部分;I 为地形坡度。

水流的淹没深度为淹没水位高程和地面高程之间差值,由下式表示(Geomer,2003):

$$flow\_depth = water\_level_a - elevation_a$$

淹没过程中的水流方向由地形坡向所决定,地形坡向反映了斜坡所面对的方向,坡向指地表面上一点的切平面的法线矢量在水平面的投影与过该点的正北方向的夹角。对地面任何一点来说,坡向表征了该点高程值改变量的最大变化方向。计算公式如下(Geomer,2003):

$$aspect = 270 - \frac{180}{\pi} \cdot \alpha\tan2\left[\frac{\partial Z}{\partial Y} + \frac{\partial Z}{\partial X}\right]$$

式中 α 为地形坡度。

进入模型有三种方式:

(1)水位(高程):整个河道网络漫顶式,有设定水位的河道网络栅格;

(2)用户定义的一个或多个水文曲线,如指定的堤坝溃口(或分洪口)和流量过程;

(3)对一个较大面积区域暴雨的模拟,面雨量以权重栅格设置。

5.1.3　实例分析

5.1.3.1　山洪流域基本情况

选择闽江上游金溪流域的宁化渔潭为研究对象,该流域位于福建省三明市宁化县境内(图5.2),流域内部地势相对平坦,流域周围被高山环绕,整个流域海拔高度为 $349\sim1100$ m。流域内有水茜溪和东溪两条河流,并在流域西南部出口处汇合。整个流域面积 632 km^2,流域涉及水茜、泉上、湖村、中沙 4 个乡镇的部分或全部区域。

5.1.3.2　资料

(1)水位、流量资料

流域内有一个渔潭水文观测站,观测逐日水位、流量,因资料有限,选择 2010 年 5 月 19—23 日、2010 年 6 月 13—27 日两个过程的水位、流量资料作水文模型率定。

(2)面雨量资料

本文采用的面雨量计算方法为泰森多边形法。

根据流域范围内及周围的雨量站点,利用 ArcGIS 制作流域所在区域的泰森多边形(图5.3),最后采用权重法,即:

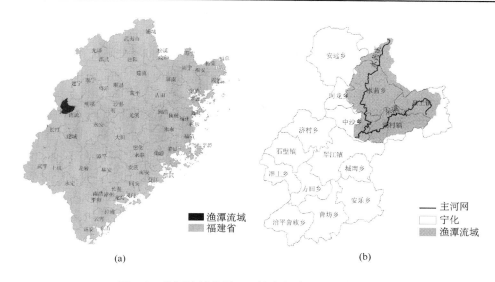

图 5.2 渔潭流域位置(a)、境内行政区及河流图(b)

$$AR = \sum_{i=1}^{n} R_i \times A_i / A$$

式中 AR 为流域面雨量,R_i 为站点 i 的雨量,A_i 为在站点 i 代表的面积,A 为流域总面积,n 为泰森多边形个数。图 5.3 为渔潭流域的泰森多边形。

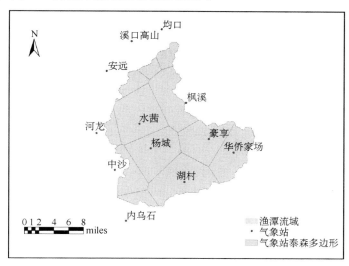

图 5.3 渔潭流域泰森多边形

选取与水文资料同步的逐时气象站降水资料,通过上述方法可计算得到流域的面雨量。

(3)基础地理信息资料

采用 1∶5 万的 DEM 数据,用于推求 Topmodel 水文模型中的地形指数以及 FloodArea

---

① 1 mile=1.609 km。

淹没模型中的地表粗糙度,如图 5.4。

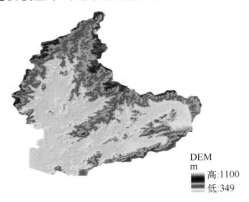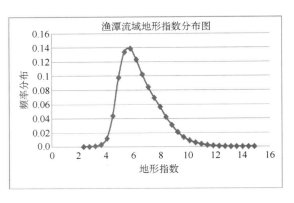

图 5.4　渔潭流域高程图和地形指数图

5.1.3.3　临界面雨量的计算

(1)"Topmodel"模型的参数率定

通过 2010 年 5—6 月两次暴雨过程的逐时面雨量和流量数据,根据目标函数调整模式的 7 个参数,使模拟流量尽可能接近输入流量来确定参数大小。通过模式的参数率定,使两次暴雨过程的确定性系数均达到 0.94,误差大小见表 5.1。由图 5.5 可见,两次过程中水位拟合的流量与模拟的流量很接近,峰值也较吻合,表明率定的参数对目前掌握的资料情况而言结果较好,最终率定的参数值见表 5.2。

表 5.1　Topmodel 模拟结果特征值

过程开始时间	确定性系数	径流深相对误差	洪峰相对误差
2010 年 5 月 22 日	0.96	−8.60	2.16
2010 年 6 月 18 日	0.94	−23.34	−1.85

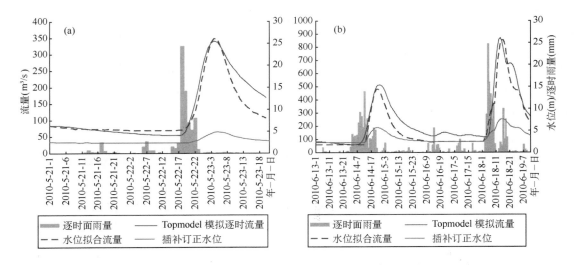

图 5.5　Topmodel 模拟 2010 年"5.22"过程(a)和"6.18"过程(b)

表 5.2 渔潭流域 Topmodel 模式模拟流量率定后的参数

Szm	T_0	T_d	CHV	RV	Srmax	Sr0
28	5	1	3000	5000	0.01	0.01

（2）致灾临界面雨量的确定

结合 Topmodel 的流量和水位拟合曲线（图 5.6），根据实地调查，渔潭断面坝高 326 m，将该值作为低风险的临界水位，相应的流量约为 555.91 m^3/s；将 327 m 作为中等风险的临界水位，相应的流量约为 735.08 m^3/s；将 328 m 作为高风险水位，将淹没居民点，相应的流量约为 894.79 m^3/s（表 5.3）。

2010 年 6.18 过程，渔潭发生了洪水漫沟现象，漫沟 1.75 m，发生中等程度的洪水灾害，最高水位 327.75 m，模拟最大流量为 870.41 m^3/s，淹没水田。

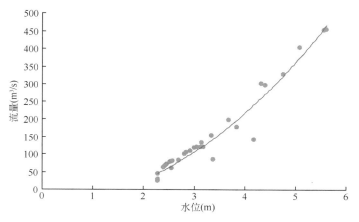

图 5.6 渔潭流域流量和水位的关系

表 5.3 渔潭断面致灾临界水位

致灾等级	水位（m）	流量（m^3/s）
高风险	328	894.79
中风险	327	735.08
低风险	326	555.91

根据以上确定的临界水位和相应的流量，通过 Topmodel 模型模拟，可以得到不同小时间隔的临界雨量（表 5.4）。

表 5.4 不同历时致灾临界面雨量（单位：mm）

时间（h）	低风险	中风险	高风险
1	96.2	107.7	116.7
3	97.2	109.2	118.6
6	100.1	112.5	122.1
12	105.9	119.9	131.2
24	120.5	139.1	154.9

5.1.3.4 临界致灾水位淹没状况

取渔潭流域中落差相对较小且两岸居民相对集中主河道,对河道进行栅格化,河道高程代表河道基面高度,根据水位过程线的高度进行"河道漫顶式"模拟,得到渔潭流域下游河道两岸不同风险等级的淹没情况(表4.4)。

5.1.4 结论

(1)在具有完整水文观测资料的流域,采用水文模型模拟,能够很好地体现山洪灾害发生过程的雨洪关系,并得到不同风险等级下的临界雨量。这对于未来山洪灾害的防御有着重要作用,只要预报出流域内降水量达到或超过不同风险等级的临界雨量,就可以发布不同等级的山洪灾害预警。

(2)结合淹没模型,可获取流域不同风险等级下可能淹没范围、淹没水深,可以为未来发生山洪灾害进行人员迁移、灾害防御提供指导性建议。

5.2 统计方法与淹没模型相结合的风险评估方法

5.2.1 引言

酿成山洪的因素是多方面的,一类是降雨因素,另一类是下垫面因素。降雨因素与气象条件有关,其中降水特性,包括过程降水总量、降雨历时及降雨强度,是致灾的主导因素;下垫面因素包括地质、地貌、植被等环境条件以及人类活动的间接因素(章国材,2010)。因此,山洪灾害风险评估中,降雨因素是关键因素,其中致灾临界面雨量的分析计算与确定是规避山洪灾害的重要基础。目前对于临界面雨量的计算方法有很多尝试,如"水位反推法"来确定小流域的临界面雨量(叶勇等,2008)、泰森面雨量法(王忠红等,2010;王志等,2010)、高斯权重客观分析法(陈晓弟等,2010),还有用1 h或几小时降雨量达到或超过某一临界雨量为指标,综合考虑累计降雨量与降雨强度双指标的临界雨量(陈晓弟等,2010)等等,这些方法需要一定数量和范围的水文和雨量资料。而多数小流域水文、雨量资料缺乏,即便有资料也不易获取,常规气象站主要分布在县(市),对于山洪而言缺乏代表性,而区域自动站观测时间尚短,无法在有限的年份内观测到罕见山洪,更多的是小山洪过程,代表性不够。

本文根据收集到的有水位但没有流量、有历史罕见洪水记载、流域断面洪水警戒水位和自动站记载的近年几次洪水过程,尝试应用统计学和淹没模型相结合的方法,寻找山洪灾害发生的预警临界雨量指标,采用FloodArea淹没模型模拟洪水过程,达到风险评估的目的。

5.2.2 方法简介

5.2.2.1 泰森多边形法计算面雨量

根据研究流域的数字高程地图(DEM),利用ArcGIS软件生成河流水系及各河流流域文件,截取所要分析河流的流域,再根据流域范围内及周围的雨量站点,利用ArcGIS制作流域

所在区域的泰森多边形,最后采用权重法计算流域面雨量,即:

$$AR = \sum_{i=1}^{n} R_i \times A_i / A$$

式中 AR 为流域面雨量, R_i 为站点 i 的雨量, A_i 为在站点 i 代表的面积, A 为流域总面积, n 为泰森多边形个数。

5.2.2.2　统计学方法的应用

根据实测雨量和水位资料,采用相关分析和皮尔逊Ⅲ(马开玉等,1993)统计学方法,得到流域雨—洪关系和洪水重现期,结合历史特大洪水记载,便可确定流域致洪临界雨量。

5.2.2.3　"FloodArea"淹没模型

参见5.1.2.2。

5.2.3　实例分析

5.2.3.1　山洪流域基本情况

宁化翠江流域位于福建省三明市宁化县境内(图5.7a),流域沿河谷分布,地势两边高中间低(图5.7b),海拔高度337~946 m,总面积310.9 km²。流域北部有东溪和西溪两条支流,在宁化县城南部交汇形成翠江,呈自北向南走向,翠江流经的乡镇有翠江和城南(图5.7c)。

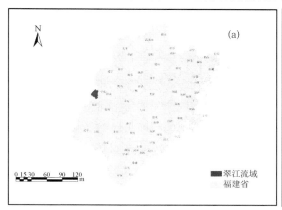
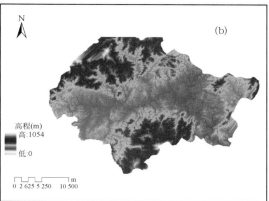
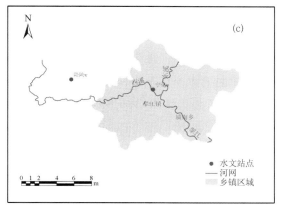

图5.7　翠江流域地理位置图(a)、翠江流域高程图 (b)、翠江流域分布图(c)

5.2.3.2　资料

宁化翠江流域收集到观测的较大降水过程有 10 个，包括雨量和水位资料；区域自动站降水资料很短，只收集到 2010 年 5 月和 6 月的 2 个过程，且这 2 个过程的洪水都不是历史最严重过程。

（1）水位资料

翠江流域仅有一个宁化水文观测站，观测逐日水位，根据 2002 年以来的暴雨过程时间，选取 2002 年 6 月 11—19 日、2005 年 5 月 3—6 日、2005 年 5 月 11—15 日、2005 年 5 月 25—27日、2005 年 6 月 15—24 日、2006 年 5 月 16—19 日、2006 年 5 月 30—6 月 8 日、2006 年 6 月13—18 日、2010 年 5 月 19—23 日、2010 年 6 月 13—27 日十个过程的水位资料（图 5.8），其中2010 年 6 月 16 日 18 时至 6 月 18 日 10 时缺测时段较长。

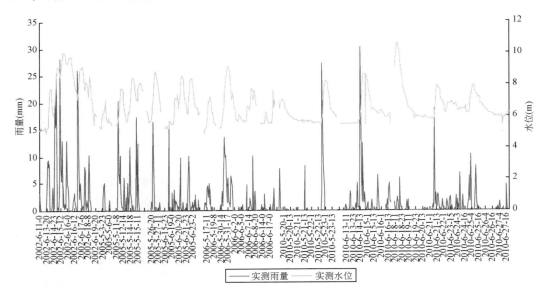

图 5.8　宁化水文站水位、宁化气象站逐时雨量时程演变图

（2）雨量资料

选取与水位资料同步的宁化气象站降水资料（图 5.8），无缺测。

（3）面雨量资料

面雨量的计算采用泰森多边形法（图 5.9）。

选取与水位资料同步的自动站和水文雨量站降水资料，通过泰森多边形法获得翠江流域的面雨量资料，仅有 2010 年 5 月 19—23 日和 2010 年 6 月 13—27 日 2 个过程。

5.2.3.3　雨—洪关系分析

（1）单站雨量和面雨量的关系

由于缺乏翠江流域面雨量资料（仅有 2 个过程），能否利用具有完整资料的宁化气象站单站数据代表面雨量？为此分析了宁化单站雨量与面雨量之间的关系，发现他们之间存在很好的线性相关（图 5.10），其关系式如下：

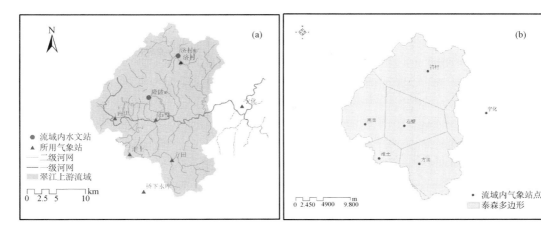

图 5.9　翠江流域河网、雨量站分布图（a）和翠江泰森多边形（b）

$$Y = 0.7966X + 0.1489 \tag{5.1}$$

式中 Y 表示翠江面雨量，X 为宁化单站雨量，方程的复相关系数为 0.93，通过 0.001 的显著性 t 检验，表明宁化单站雨量可以很好地代表翠江面雨量。

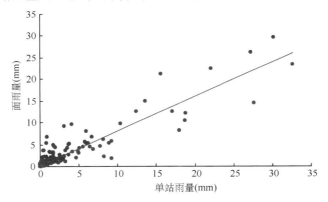

图 5.10　宁化气象站雨量和翠江面雨量关系

（2）宁化气象站雨量和水位的关系

由图 5.9 可见，逐时水位随时间的变化连续性较好，而逐时雨量变化起伏较多，波动较大，水位的起伏落后于雨量，逐时雨量和水位之间没有明显的关系。选择与水位滞后 1～24 h 做滑动累计相关分析（图略），各相关曲线变化很相似，根据全部过程的相关曲线，可以看到当面雨量滞后超过 13 h，相关系数基本在 0.8 以上，且变化趋于稳定，考虑到山洪风险评估的时效性，越早作出评估对于防御越有利，因此选取 13 h 间隔，构建逐时向前累计 13 h 的雨量序列，作为致洪过程的大气降水量。

已知 1994 年 5 月 3 日宁化发生 1751 年以来的特大洪水，由于实测洪水过程较少，仅采用实测值拟合雨洪关系是不全面的，加入 1994 年最大水位后，宁化水位和 13 h 累计雨量之间可以用线性关系（图 5.11）拟合，其方程表示如下：

$$Y = 0.0381X + 311.59 \tag{5.2}$$

式中 Y 表示水位，X 表示宁化气象站 13 h 累计雨量，利用此式可以互算临界雨量和水位。

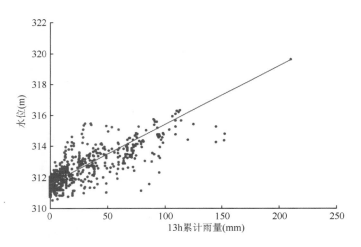

图 5.11　宁化水文站水位和 13 h 累计雨量的统计关系

5.2.3.4　致灾临界雨量和水位的确定

　　根据宁化气象站 13 h 累计雨量,通过概率论估算各种重现期,再依据历史记载洪水水位和评价,求算对应的可能 13 h 累计雨量,以及实测过程最大 13 h 累计雨量,划分致灾临界水位和雨量。

　　(1) 水位重现期估算

　　由于缺乏水位资料,无法直接得到多年一遇的洪水水位,但是从其他途径获得了水文局关于宁化水文站水位重现期数据(表 5.6),利用皮尔逊Ⅲ概率统计法(马开玉等,1993),分析宁化 13 h 实测累计雨量,以水文局水位重现期为基础,调整参数(图 5.12),得到了不同重现期13 h 累计降水设计值。再利用雨洪关系式(5.2)得到了对应的水位设计值(表 5.5)。对比估算水位设计值(3 列)和水文站水位重现期值(4 列),两者的差值列于第 5 列,差异不大,可以认为估算是合理的。

表 5.5　宁化 13 h 累积雨量多年一遇设计值

重现期(a)	13 h 累积降水设计值(mm)	估算水位设计值(m)	宁化水文站水位重现值	估算水位与水文站水位重现值差	PⅢ参数
100	212.54	319.69	319.55	0.14	
50	194.12	318.99	319.16	−0.17	
30	180.09	318.45			变差系数 $Cv=0.4$
20	168.6	318.01	318.06	−0.05	偏态系数 $Cs=0.99$
10	148	317.23	317.07	0.16	倍比系数 $Cs/Cv=2.47$
5	125.6	316.38	316.32	0.06	
2	90.7	315.05			

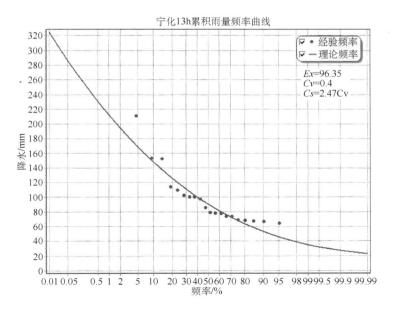

图 5.12　宁化 13 h 累积雨量 PⅢ 拟合曲线

（2）临界水位和雨量

宁化翠江流域宁化站警戒水位为 314.65 m，危险水位为 316.15 m，水位差 1.5 m，警戒水位和危险水位对应的 13 h 临界雨量分别为 80.3 mm 和 119.7 mm。

根据历史记载的若干洪水水位，按照（5.2）式反演成雨量（图 5.13），超过 50 a 一遇的洪水有 2 a，其中 1994 年接近于百年一遇；10～50 a 一遇的有 5 a，其中有 3 a 是解放以前的记录；2～10 a 一遇的有 4 a，按此划分 13 h 累积雨量的临界值见表 5.6 和图 5.14。由图 5.14 可见，近年来各洪水过程实测雨量和水位所在的区间，正好吻合其记载的洪水等级，临界雨量的划分是合理的。

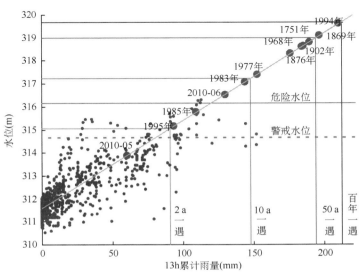

图 5.13　宁化历史洪水记录的重现期

表 5.6　宁化洪涝灾害 13 h 累积雨量临界值

致灾等级	13 h 累积雨量(mm)	对应水位(m)	超警戒水位(m)	超危险水位(m)	重现期(a)	实例(年-月-日)
严重(特大洪水)	≥194.12	≥318.99	4.34	2.84	≥50	1869、1994-05-02
中等(大洪水)	148.00~194.12	317.23~318.99	2.58	1.08	10~49	1751、1876、1902、1968-06-18、1977-06-20
较轻(一般洪水)	90.7~148.00	315.05~317.23	0.4		3~9	1983-05-31、1985-05-28、1995-06-03、2010-06-18
无(无洪水)	<90.7	<315.05			≤2	2010-05-23

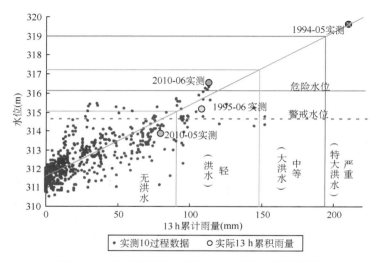

图 5.14　宁化洪涝灾害致灾 13 h 累积雨量临界值

5.2.3.5　"FloodArea"模型应用

通过以上分析,我们得到了翠江流域 1994 年特大洪水过程的估算水位和各等级致灾临界水位,采用河道网络漫顶式模式可以反演历史洪水过程和各风险等级的淹没范围。

(1)"1994.5"特大洪水淹没过程重现

据记载,1994 年 5 月 1 日至 3 日,沙溪流域骤降暴雨,上游宁化县在 40 h 内降雨量达 366 mm,突破了有水文记录以来的历史最高记录,发生了百年罕见特大洪水灾害,宁化水文站测得洪水水位 319.60 m,水深约 14 m,超警戒水位 4.95 m,超危险水位 3.45 m。宁化县城全城被淹,水深约 2~4 m,全县经济损失 14 亿元,城区停水停电,城内主要交通桥梁:寿宁桥、东门桥和通往郊区邻县的公路全部被淹,与外界交通全部中断。

用 FloodArea 淹没模型反演洪水淹没过程(图 5.15),可以看到,出现 9 m 水深(大致的危险水位)的时间是 2 日 1:00,洪水发展很快,9:00 整个流域水深超过 10 m(大致的警戒水位),之后整个流域的水位继续上涨,至 3 日 2:00 城区的水位下降,洪峰移至下游。实测逐时雨量表明,强降水发生在 1 日的 21 时至 2 日的 20 时,2 日 22 时降水开始减弱,降水累积过程和洪水发展过程很吻合。

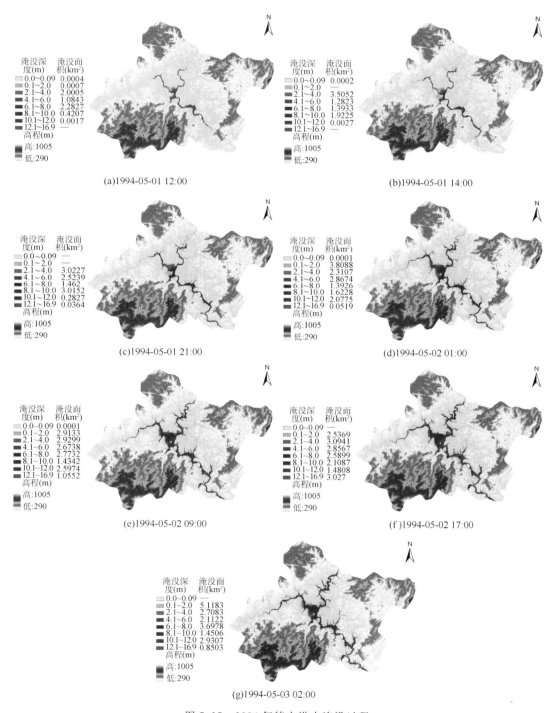

图 5.15　1994 年特大洪水淹没过程

（2）临界致灾水位淹没状况

根据宁化水文站断面临界水位,用 FloodArea 淹没模型模拟了高、中、低风险水位的淹没深度（图 5.16）,得到严重、中等、较轻等级水位对应的淹没范围见表 5.7。

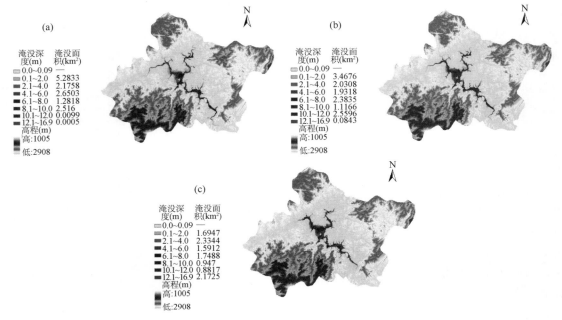

图 5.16　翠江流域洪水风险等级淹没图
（a）低风险水位淹没图；（b）中风险水位淹没图 ；（c）高风险水位淹没图

表 5.7　各风险等级淹没面积

风险等级	水位（m）	淹没面积（km²）	描述
3 级	≥318.99	13.0	重（淹没居民点）
2 级	317.23～318.99	10.5	中（淹没农田）
1 级	315.05～317.23	6.9	轻（漫堤）

5.2.4　结论

（1）针对有水位资料,但没有流量观测的流域,可应用长期的逐时雨量资料和水位资料,采用统计分析方法确定雨—洪关系,得到致灾临界雨量;再应用淹没模型模拟洪水淹没情况,得到洪水的风险等级评估。

（2）通过对历史山洪个例的淹没模拟,可以看到由数理统计与淹没模型相结合的方法确定出的山洪风险等级,与实际情况相符。

（3）作为一个特例,宁化气象站单站雨量可以很好地代表翠江流域的面雨量,但不能就此得出结论:可以用气象站的雨量求临界雨量。对于大多数中小河流和山洪沟流域,县气象站的资料不能代表流域的面雨量。

5.3　典型个例考察和淹没模型相结合的风险评估方法

5.3.1　引言

目前山洪灾害预警公认的依据指标为临界雨量(陈桂亚等,2005),即一定时段内降水量达到或超过一定临界雨量时,立刻启动防洪减灾预案。目前有关临界雨量的计算方法主要有实测雨量分析法、降雨灾害频率分析法、产汇流对比分析法及暴雨临界曲线法(江锦红等,2010;段荣生,2009;刘哲等,2005;郑永山,2010),应用这些方法可以计算得出洪灾发生时的临界雨量。但由于山洪灾害发生区域的局地性,造成了山洪研究的难点在于大部分典型山洪流域缺乏气象和水文观测数据,因为大部分的水文测站布设在大江大河上,对于局地山洪流域的监测考虑较少;具有长时间序列的常规气象站多分布在县(市),即便自动气象站数量日趋增多,但其观测时间尚短,无法在有限的年份内观测到罕见山洪,更多的是小山洪过程,代表性不够。在此情况下,先前的研究多采用比拟法(郑永山,2010),利用其他有资料条件,且区域地质、气象、水文条件均相似的流域致灾临界雨量作为替代;或采用灾害实例调查法,对灾害实例、对应雨量作详细的调查分析,将历次灾害中各历时和过程的最小雨量作为临界雨量初值,并用周边邻近地区的临界雨量进行订正。但上述两种方法也存在着一些问题,由于山洪流域的局地性,每条山洪沟都有其特殊的地形特征,很难找到高度相似的流域进行替代;另外基于大量调查数据的临界雨量算法,往往受到调查数据可靠性和准确性的局限,造成临界雨量存在误差。

本文引进了德国研发的洪水淹没模型"FloodArea",在基于实地调查的基础上,针对无水文资料、且无长序列气象观测资料的流域,进行山洪灾害风险评估方法研究。

5.3.2　方法

5.3.2.1　"FloodArea"淹没模型

参见 5.1.2.2。

5.3.2.2　"风险雨量"计算方法

山洪沟中发生不同等级的洪水淹没时所对应的某时段的降水量即为该淹没等级的风险雨量,风险雨量分为高、中、低三个等级,一般用 1 h 或几个小时的降雨量(mm)表示[2]。

对于无水文资料的山区流域进行实地考察,选择山洪隐患点,调查往年洪水淹没的深度,以人口集中、经济发达的区域作为山洪预警点。根据数字高程数据(以下简称 DEM)、地表径流系数、地表水力糙度、及以往山洪发生时的降水资料,利用"FloodArea"模型进行山洪淹没再现模拟,根据预警点的调查资料对模拟结果进行调整。提取最佳模拟结果中预警点逐时的淹没深度,对逐时淹没深度及对应降水量进行分析,最终得出不同风险等级的临界面雨量。

5.3.3　实例分析

上清溪流域位于福建省三明市泰宁县境内,是一个无水文资料的典型山区小流域,2010年发生的超百年一遇的特大暴雨致使境内山洪暴发,造成人员伤亡、房屋毁坏、田地淹没等灾害。本文根据洪水发生时村落的淹没深度记录,应用"FloodArea"淹没模型,对2010年暴雨山洪淹没进行再现模拟,根据模拟结果推算临界雨量。

5.3.3.1　山洪流域基本情况

上清溪境内有包括乡政府驻地在内的数十个行政、自然村,上清溪呈西北—东南走向,境内地势海拔为332~1500 m,方圆仅76 km²,为高山峡谷型河流(图5.17),大部分区域地表径流系数相对较大,一场暴雨过程极易形成径流,狭小的地形连锁引发山洪。由于流域地势陡峭,河谷狭小,且处于大山深处,无水文观测资料,目前只有气象局的5个自动气象观测站近几年的观测资料。

2010年6月上清溪遭遇了连续长时间的暴雨袭击,伴有突发短历时强降水事件,据自动气象站观测记录显示,6月18日11时单站最大小时雨量竟达85.2 mm,上清乡遭遇了超百年一遇的特大洪涝灾害。

5.3.3.2　资料

(1)实地考察

选择流域内的8个村落作为风险隐患点(表5.8,图5.18)进行考察,了解往年洪涝灾害发生发展的情况,针对2010年6月18日的山洪灾害进行了调研,记录洪水淹没情况,着重对淹没范围、淹没深度、河床特征、受灾情况等进行了解和测量,并对当地人口分布做了一些了解统计。

表 5.8　上清溪洪水隐患点实地考察表

编号	地点	水位高度(cm)	备注
1	江边村	445	54 户人家,桥面高:445 cm,冲毁房屋等
2	永兴村	390	50 户人家,桥面高:390 cm,冲毁房屋等
3	川里村	460	2010.07.07,16—18 时水位最高,堤坝高 380 cm
4	上青村	252	堤坝高 218 cm
5	乡政府对面河道	250	坝高 250 cm
6	上清乡政府大院内	354	2010.06.18,09 时水位最高
7	崇化村	595	100 户人家,坝高 500 cm
8	崇际村	402	150 户人家,2010.06.18,09:30 水位最高,堤坝高 352 cm

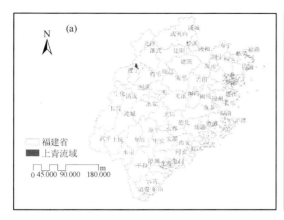
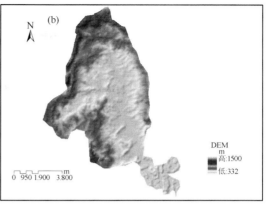

图 5.17　上青溪流域位置(a)和高程(b)图

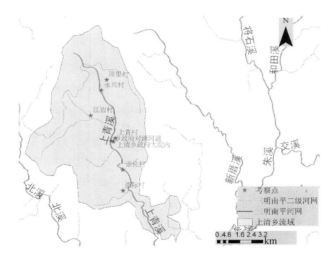

图 5.18　上青流域考察点分布图

实地测量目的是获知河堤与周边地形的相对高程差、距离,便于分析在河水漫堤的情况下,周边区域的淹没范围;测量内容有记录河堤、农田、民房、农业生产设施的经纬度、标尺读数,通过标尺读数计算相对高程;测量地点集中于上清溪景区上游的崇际村以上区域,在高差测量过程中,参考当地村民的调查寻访结果,主要对河道两岸村落洪水发生时的最大淹没水深及时间进行测量和调查,同时还对河堤高度、河道宽度进行选择性的测量。

(2)确定山洪预警点

根据实地考察得知,上青乡政府驻地位于上清溪流域的中部,该地人口集中、经济相对发达,故选择上青乡政府驻地作为上清溪流域山洪淹没预警点。

(3)流域面雨量

根据 DEM 数据,利用 ArcGIS 软件计算得出上清溪流域范围,再根据流域范围内及周围的自动气象站点,利用 ArcGIS 制作流域所在区域的泰森多边形(图 5.19),最后采用权重法计算得出流域的面雨量,计算方法如下:

$$A_R = \sum_{i=1}^{n} R_i \cdot A_i / A$$

式中 A_R 为流域面雨量,R_i 为站点 i 的雨量,A_i 为站点 i 代表的泰森多边形面积,A 为流域总面积,n 为泰森多边形个数。

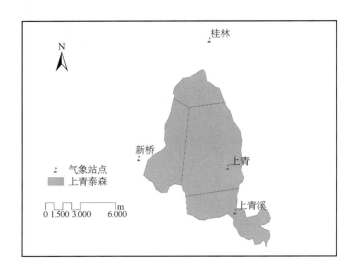

图 5.19　上青流域泰森多边形

(4)地表水力糙度

水力糙度,指的是流体力学上的粗糙度,是衡量河道或冲沟边壁形状不规则性和粗糙程度影响的一个综合性系数,目前关于水力糙率的研究,已有大量的研究工作和较为成熟的结论(长江水利委员会,1993)。分析遥感资料得出流域境内地表覆盖类型多为山林、灌木、农田和少量居民地,根据张洪江、张升堂等人的研究结论(苏布达等,2005;Geomer,2003),本文对流域地表水力糙度取值介于 1~10 之间。为提高模拟准确度,根据实际暴雨淹没和模拟结果的差异对水力糙度进行精细率定。

(5)地表产流系数

在进行暴雨洪涝淹没的动态模拟前,首先需求算研究区域的产流系数,本研究中产流系数采用 SCS 模型曲线数值法进行计算,计算公式如下:

$$S = \frac{25400}{CN} - 254 \tag{5.4}$$

$$Q = \frac{(P - 0.2S)^2}{P + 0.8S} \tag{5.5}$$

$$\alpha = \frac{Q}{P} \tag{5.6}$$

其中 Q 为产流量；P 为当天降水量；S 为潜在入渗量，CN 为曲线数值，由地表覆盖类型决定。

利用遥感资料获知流域内地面覆盖类型，根据公式（5.4）～（5.6）计算得出上清溪流域的产流系数，如图5.20所示。

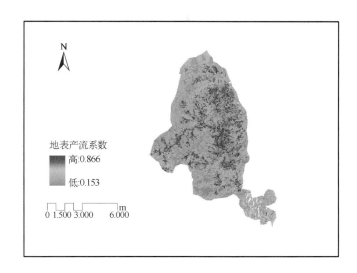

图 5.20　上青流域地表产流系数

5.3.3.3 特大洪水淹没过程模拟

根据上青流域地面水力糙度、地表产流系数、2010 年 6 月 18 日暴雨过程面雨量，利用"FloodArea"淹没模型对 2010 年 6 月 18 日暴雨过程造成的淹没状况进行在线模拟。模拟结果见图 5.21，由图可见，随着时间的推移，洪水向中、下游堆聚，集中在上清至崇际村－从化村一带，下游水深增加，最后流域水位全部上涨，范围扩大至上游，与实际考察过程吻合。

5.3.3.4 确定山洪灾害风险雨量

（1）预警点淹没深度

上清溪流域 2010 年 6 月 18 日洪水淹没过程模拟，预警点各时段淹没深度如表 5.9 所示。由表可见，雨量较小且降水时间短时预警点淹没水深基本为地表径流造成，随着降水量的增加和降水强度的增强，淹没水深会突然增大。对比实地考察资料，预警点考察淹没水深最高为 3.54 m，模拟淹没水深最高为 3.91 m，模拟结果高稍高于调查结果，但二者最高水深的淹没时间相一致，均为上午 9 时左右。

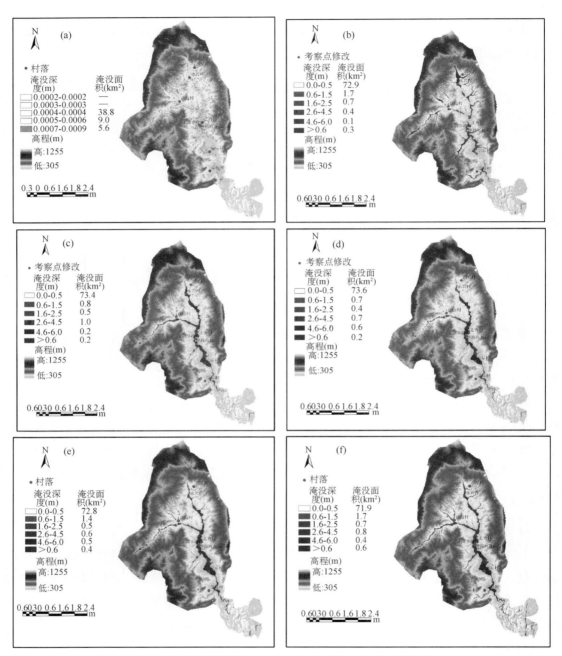

图 5.21　上清溪流域 2010 年 6 月 18 日洪水淹没过程模拟

(a)2010 年 6 月 18 日 2:0;(b)2010 年 6 月 18 日 4:00;(c)2010 年 6 月 18 日 6:00;

(d)2010 年 6 月 18 日 8:00;(e)2010 年 6 月 18 日 10:00;(f)2010 年 6 月 18 日 12:00

表 5.9　预警点洪水淹没水深及对应面雨量

时间	小时面雨量（mm）	上清乡政府大院内水深（相对于河床高度/m）	超过坝高水深（坝高2.5 m）
2:00	0.6	2.50087	0.001
3:00	2.5	2.50054	0.001
4:00	2.5	2.50099	0.001
5:00	3.8	2.50099	0.001
6:00	0.1	2.50099	0.001
7:00	2.5	2.65555	0.156
8:00	25.6	3.56612	1.066
9:00	26.3	3.9105	1.411
10:00	55.0	3.84281	1.343
11:00	66.2	3.61817	1.118

（2）风险雨量的确定

根据上清溪流域 2010 年 6 月 18 日洪水淹没过程模拟结果及实地考察资料,根据隐患点水位对应的各小时累计面雨量,初步推算上清溪流域的山洪淹没不同等级的风险雨量如表5.10 所示。

表 5.10　预警点不同风险等级的小时累计面雨量

风险等级	超过坝高水深（m）	4 h 累计面雨量（mm）
低风险	0.0	40.9
中风险	0.5	74.3
高风险	1.0	107.5

5.3.4　结论与不足

5.3.4.1　结论

（1）"FloodArea"淹没模型能够较好的模拟上清溪流域历史洪水淹没实况,预警点模拟淹没水深与实际淹没水深较为一致;

（2）模拟结果表明,累计降水量及降水强度均为上青溪洪水淹没的主要致灾因子,前期长时间的低强度降水对山洪爆发形成的潜在诱因也不容忽视;

（3）"FloodArea"淹没模型能够为无水文资料的山区小流域的暴雨洪涝的研究分析及山洪预警提供较好的技术支撑。

5.3.4.2　不足

（1）山区地形复杂,加上河谷两岸居民区地形地貌改变大,导致 DEM 数据与实际地形差

异大,而这些差异会在一定程度上改变模拟淹没的结果;

(2)遥感资料中地表覆盖类型与实际情况有一定差异,因此计算地表径流及水力糙度等参数时精确度不高;

(3)不同的降水过程(降水时间及逐时降水量)造成的山洪淹没状况差别较大,导致在预测未来山洪淹没程度时有一定难度;

(4)由于上清溪流域有淹没记录的暴雨山洪样本少,致使该流域风险雨量的率定结果精确性有待提高,以后随着样本的增加可以进一步增加风险雨量的精确度。

参考文献

长江水利委员会. 1993. 水文预报方法(第二版). 北京:水利电力出版社.

陈桂亚,袁雅鸣. 2005. 山洪灾害临界雨量分析计算方法研究. 人民长江,**35**(12):40-43.

陈晓弟,罗京义,谢仁波等. 2010. 铜仁锦江河流域面雨量计算方法探讨. 贵州气象,(增刊):134-137.

段荣生. 2009. 典型小流域山洪灾害临界雨量计算分析. 水利规划与设计,(2):20-21,57.

江锦红,邵其萍. 2010. 基于降雨观测资料的山洪预警标准. 水利学报,**41**(4):458-463.

梁忠民,李彬权,余钟波,华家鹏,刘金涛. 2009. 基于贝叶斯理论的 Topmodel 参数不确定性分析. 河海大学学报(自然科学版),**37**(2):129-132.

刘青娥,左其亭. 2002. Topmodel 模型探讨. 郑州大学学报(工学版),**23**(4):82-84.

刘哲,张鹏远,刘广成. 2005. 黑龙江省山洪灾害防治临界雨量计算分析. 黑龙江水利科技,**33**(5):10.

刘志雨,杨大文,胡建伟. 2010. 基于动态临界雨量的中小河流山洪预警方法及其应用. 北京师范大学学报(自然科学版),**46**(3):317-321.

马开玉,丁裕国,屠其璞等. 1993. 气候统计原理与方法. 北京:气象出版社,518.

苏布达,姜彤,郭业友等. 2005. 基于 GIS 栅格数据的洪水风险动态模拟模型及应用. 河海大学学报,**33**(4):370-374.

王志,赵琳娜,张国平等. 2010. 汶川地震灾区堰塞湖流域面雨量计算方法研究. 气象,**36**(6):7-12.

王忠红,赵贤产,余菲. 2010. 义乌降水气候分析中的面雨量计算及其应用比较. 浙江水利水电专科学校学报,**22**(1):47-50.

徐宗学等. 2009. 水文模型. 北京:科学出版社,303-310.

叶勇,王振宇,范波芹. 2008. 浙江省小流域山洪灾害临界雨量确定方法分析. 水文,**28**(1):56-58.

张亚萍,周国兵,胡春梅,张学文. 2008. Topmodel 模型在重庆市开县温泉小流域径流模拟中的应用研究. 气象,**34**(9):34-39.

章国材. 2010. 气象灾害风险评估与区划方法. 北京:气象出版社.

郑永山. 2010. 甘肃省山洪灾害临界雨量分析. 甘肃水利水电技术,**46**(3):5-6.

Geomer. 2003. FloodArea—A review extension for calculating flooded areas (User manual Version 2.4), Heidelberg.

6 江西省暴雨山洪灾害风险评估方法

章毅之　蔡　哲　吴珊珊

（江西省气候中心）

随着我国突发灾害应急响应工作的大力开展,气象灾害风险评估工作已成为灾害防御、灾害预警工作中的一个重要环节。在气象灾害防御的过程中,往往需要掌握哪种气象灾害在何时、何地发生,发生的规模有多大,对灾害发生地有可能产生的风险是什么。这正是气象灾害风险评估需要解决的问题。利用气象灾害风险评估的结果,及时发出灾害预警信息,并提出防御措施,可以最大程度地减轻灾害带来的影响,达到防灾减灾的目的。

山洪灾害主要指由强降水在山丘区引发的洪涝灾害,常发生在山区、流域面积较小的溪沟或周期性流水的荒溪中,具有成灾快、破坏性强等特点,且区域性明显,易发性强,预测预防难度较大。江西省属东亚季风气候区,地貌类型复杂,山地、丘陵较多,集雨面积在 10 km^2 以上的河流有 3700 余条。江西省也是暴雨多发区,易发生局部强降水。受这种气候条件和特殊地形的共同影响,江西省山洪灾害发生频繁。据不完全统计,江西省在 1954—2004 年间共发生山洪灾害 2267 次,死亡人口 1215 人,损毁房屋 28.9 万间,直接经济损失 76.092 亿元;威胁人口 830 万人次,威胁财产 325.8 043 亿元;道路、桥梁等基础设施损毁难以数计。随着经济的发展,山洪灾害造成的危害愈来愈重,损失愈来愈大,山洪灾害已经成为当前防洪减灾中的突出问题。

山洪灾害风险评估是防御山洪灾害的非工程措施常见方法之一。通过开展山洪灾害风险评估,对可能发生洪水的演进路线、达到时间、淹没水深、淹没范围、浸水历时和流速大小等特征进行综合分析,结合区域内社会经济发展状况,标示出受山洪灾害影响的危险程度,为防灾减灾指挥者提供防洪救灾决策的依据,确定不同区域的风险保护标准。在此基础上建立山洪灾害风险评估业务,可以提高防御暴雨山洪灾害风险评估的业务能力,及时发布灾害预警信息,实现对山洪灾害的灾前、灾中、灾后评估,发挥气象灾害风险评估在实时气象灾害防御中的作用。

6.1　总体思路

自然灾害风险评估一般有两种思路(章国材,2010),一种是基于历史灾损资料的风险评估,这种方法假设风险能够用过去灾害事件中的灾损历史资料来表示。另一种是基于灾害预警的风险评估,即先对灾害事件做出预报,然后根据灾害强度和影响范围,对灾害影响范围内的承灾体的可能损失做出评估。

　　基于历史灾损资料的暴雨山洪灾害风险评估方法需要有大量、翔实的历史山洪灾情数据。2008 年中国气象局组织全国气象部门对 1984 年以来的气象灾情进行了普查,收集了暴雨洪涝、干旱等气象灾害的灾情数据,初步建立了主要气象灾害灾情数据库,对开展气象灾害风险评估有一定参考作用。但是,灾情数据库中收集到的灾情资料在时间、空间分辨率上还不够精细,大都是以县为单元,按月统计灾害损失情况,不能做到按单个灾害过程来收集灾情,反映不出该灾害的实际影响情况;同时,自然灾害造成的损失与承灾体的脆弱性、防灾减灾能力等因素有较大的关系,随着经济社会的发展,承灾体的脆弱性、防灾减灾能力都发生了较大的变化,收集到的灾情资料也不能真实地反映出灾害的强度。因此,用这种方法进行暴雨山洪灾害风险评估存在较大的难度。

　　随着精细化预报技术的不断发展,气象灾害预报的可能性、准确率得到了进一步提高,在进行气象灾害预报的同时,也可以对可能产生的风险进行评估。在暴雨山洪灾害风险评估过程中采用了基于灾害预警的风险评估方法,即在未来降水预报的基础上,参考山洪发生的致灾临界降水量,预报山洪灾害是否发生,其影响范围有多大,并评估出影响范围可能存在风险的承灾体数量。暴雨山洪灾害风险评估包括以下几个方面:

　　(1)山洪灾害风险评估数据库。通过实地考察、历史灾情收集等方式确定山洪灾害风险隐患点,建立承灾体数据库和历史灾情数据库。

　　(2)山洪灾害致灾临界降水量。利用水文模型(Topmodel 等),根据历史灾情或实地考察情况,确定流域内不同等级山洪灾害发生的致灾临界面雨量。

　　(3)山洪灾害风险评估模型。根据流域精细化的面雨量预报,利用淹没模型(FloodArea)对山洪灾害的可能发生的强度和影响范围进行预报,并结合承灾体数据库,查找出淹没范围内的承灾体信息,对可能发生的风险做出评估。

　　(4)山洪灾害风险评估系统。利用 GIS 软件,对山洪灾害承灾体数据库、历史灾情数据库、不同等级灾害致灾临界面雨量以及山洪灾害风险评估模型进行综合,建立基于 GIS 的山洪灾害风险评估业务系统。

6.2　数据库建设

　　考察流域内山洪灾害的承灾体,建立有关数据库并确定山洪灾害可能影响的隐患点,是山洪灾害风险评估工作的重要内容之一。利用 GIS 软件可以划分出流域的地理范围,通过对流域进行实地考察、收集流域内山洪灾害历史灾情、社会经济数据、地理信息数据以及水文气象观测数据,识别山洪灾害风险点,建立山洪灾害风险评估数据库。

6.2.1　资料收集

　　在进行山洪灾害风险评估工作时需要用到以下数据:

　　(1)地理信息数据

- 基础地理信息:包括行政区划边界图、居民点、水系、道路等,作为山洪灾害风险评估承灾体以及风险评估对象。
- 地形资料:数字高程模型(DEM),用于流域的划分、水文模型的率定以及淹没范围模拟。

- 土地利用分类图：由遥感资料通过解译方式获得，一般包括耕地、林地、草地、水域、人工用地等信息，用于淹没范围的模拟，并可作为山洪灾害风险评估对象。

上述资料的空间比例尺越精细越能满足山洪灾害风险评估工作的需要。在江西省山洪灾害风险评估工作中使用的地理信息数据的空间分辨率为 1∶5 万，部分基础地理信息数据如居民点数据的空间分辨率为 1∶1 万。

（2）气象水文资料

- 降雨量资料：包括流域周边气象台站的降雨量资料、流域内气象区域自动站资料、水文自动雨量观测站资料等，用于水文模型的率定、淹没范围模拟以及不同等级山洪灾害致灾临界面雨量的确定等。
- 水文要素资料：流域内水文站监测记录，包括逐时水位、流量等，用于水文模型的率定。
- 历史灾情记录：包括每次山洪灾害发生时的最高洪水水位、洪水起始时间、持续时间、淹没范围、损失情况等，用于确定山洪灾害的不同等级。

（3）社会经济数据

- 社会经济统计数据：包括流域内主要风险点的人口分布、物质财产、主要农作物耕种面积、工业产值等属性数据，作为山洪灾害风险评估的评估对象。
- 防洪设施分布：流域内防洪设施的分布、管理状况、分洪能力等，用于不同等级山洪灾害应对措施制定。

6.2.2　流域边界的提取

山洪灾害风险评估以山洪溪河流域为评估单元，评估出山洪淹没范围内可能受影响的损失量，因此需要准确划分出山洪溪河的流域范围。利用 ARCGIS 软件提供的水文分析工具，可以从 DEM 中得到较为准确的河网分布，然后根据给定的出水点，提取出该出水点以上的流域范围。通过以下几个过程可以实现流域边界的提取：

（1）DEM 预处理：受 DEM 空间分辨率及 DEM 生成过程中的系统误差的影响，造成 DEM 中洼地水流方向不正确以及其他特征信息的不准确，必须进行洼地填充。利用 ArcGIS 软件中的 Sink 命令标出需要填洼的所在地，生成无洼地的 DEM 数据。

（2）水流方向确定：根据基于栅格的 D8 法，假定单个栅格中的水流只有八种可能的流向，在流入相邻的八个栅格中，用最陡坡度法来确定水流方向，即在 3×3 的窗口上，计算中心栅格与各相邻栅格间的距离权落差，取相邻栅格中距离权落差最大的为水流出的栅格，该方向为中心格网的流向。应用流向命令（Flow Direction），可以生成八种水流方向。

（3）汇流累积量计算：根据无洼地 DEM 水流方向栅格图层，应用流向累积（Flow Accumulation）命令来进行流向累积栅格的计算。汇流累积量表示区域内每点的流水累积量，以规则栅格表示的数字高程模型每点处有一个单位的水量，根据区域内栅格的水流方向数据计算每个栅格所流过的水量数值，得到该区域的汇流累积量。

（4）栅格河网生成：DEM 中的某个栅格点如果属于一个水系范围，则必须存在一定的上游集水区域的支撑。根据我们已经得到的汇流累积量数据，可以根据研究区域的气候、地形等因素的不同，来确定一个阈值（即汇流能力阈值），当某个栅格点上的累积量超过了这个阈值，则认为该栅格点属于某个水系范围,各栅格点互相连接就形成了河网,而该阈值的大小决定了河网提取的精度和详细程度。

(5)划分流域边界:利用生成的栅格河网数据和给定的出水点信息,结合水流方向,统计该出水点上游所有流经该点的栅格,一直检索到流域边界,所有符合条件的栅格集结在一起就生成子流域。

6.2.3　山洪灾害风险评估数据库的组成

山洪灾害风险评估数据库包括承灾体数据库、山洪灾害历史数据库。每个数据库由空间数据库和属性数据库两部分组成,通过地理编码的方式实现空间数据库和属性数据库的连接。数据库采用地理信息系统软件 ARCGIS 进行管理、维护。

(1)空间数据库

流域边界、流域内山洪风险点都有相应的地理坐标,如每个居民点在 1∶25 万比例尺上对应一对经纬度坐标,每条公路都由一组经纬度坐标对组成。每一个空间对象可以以点、线、面的形式,由相应的经纬度坐标构成,并通过地理编码进行标识。空间数据库中的数据表至少包含经度、纬度、标识符等字段。

地理信息系统实现了空间数据库中空间对象的添加、编辑、删除等基本管理功能,并且提供了强大的空间运算功能。通过空间运算功能,实现空间对象的交、并等计算,完成山洪淹没范围内风险点的提取、面积统计等空间分析。

(2)属性数据库

属性数据库存放的是每个空间对象的属性信息,如居民点可能包含居民数、民房数、年GDP 产值等相关信息。属性数据库也有地理编码字段,其字段值具有唯一性,和空间对象进行匹配,实现空间数据库和属性数据库的管理。

(3)山洪风险评估数据库的组成

根据资料收集及现场考察情况,分别对资料进行处理,建立相应的数据表,组成山洪灾害风险评估数据库。数据库中主要的数据表见表 6.1。其中承灾体数据库主要包括居民点、交通、桥梁、土地利用等数据表。这部分数据表可以利用 GIS 的空间分析功能,直接从 1∶25 万基础地理信息数据中提取出来。根据收集的社会经济数据、现场考察数据等资料,建立相关的字段对空间对象的属性数据进行适当的补充。降雨量表、历史灾情数据等数据表,以雨量站、灾情点经纬度信息建立对应的空间数据库,并进行地理编码,然后根据收集到的资料情况,建立对应的属性数据库,实现数据库在地理信息系统下的管理。

表 6.1　主要山洪灾害风险评估数据表

表名	图层类型	具体描述	文件名
行政区划	面状	省界、县界、流域界等	bount
居民点	面状	乡镇居民点	respy
水系	线状	河流区域的情况	hydntp
交通网络	线状	公路、铁路分布情况	Roalk

续表

表名	图层类型	具体描述	文件名
桥梁	线状	主要桥梁	Atnlk
防洪工程	线状	防洪堤坝的情况	Othlk
土地利用	面状	分类情况	landuse
数字高程模型	栅格	高程点信息	DEM
降雨量	点	水文、气象雨量站资料	Rain
历史灾情信息	点	收集的历史山洪灾情信息	History

6.3　致灾临界降水量的确定

进行气象灾害风险评估工作需要确定不同灾害等级的致灾临界气象条件。根据临界气象条件的强度和承灾体的脆弱性,开展风险评估,发布气象灾害预警。气象致灾临界气象条件可以通过个例分析法、统计分析法、物理模型法、数值模拟法、实验模拟法等来计算。根据试验地——江西省宜黄县曹水流域收集到的资料情况,采用物理模型法来确定曹水流域不同等级山洪灾害致灾临界降水量,确定致灾临界降水量的流程见图 6.1。

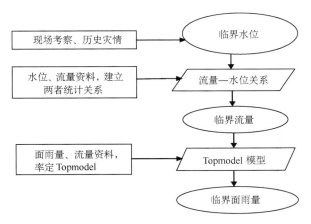

图 6.1　山洪灾害致灾临界降水量计算流程

（1）曹水流域简介

曹水流域（见图 6.2）面积为 125 km^2,河长 27.1 km,主河道天然落差为 388 m,河道平均比降为 14.3‰,该河道上无水库,洪水来势凶猛,历时短。该河道于曹水流域出口新斜村设置有一水文站,从 1967 年起就开始了水文观测,测量出的流量情况变幅较大,最大流量为 321 m^3/s,最小流量仅 0.14 m^3/s,年内分配极不均匀。从 2000 年起江西省水文局在该流域布设了 6 个雨量观测站,加上新斜水文站内的雨量观测,该流域有 7 个雨量观测站,较完善的水文、气象观测资料为山洪灾害风险评估工作提供了较好的数据支撑。

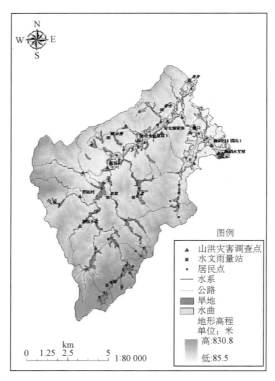

图 6.2　曹水流域示意图

　　曹水流域有村民小组 50 余个,通过实地考察以及对历史山洪灾害的调查得知该山洪沟边的水田经常受山洪淹没,并且部分民房也受到山洪淹没,如 2011 年 6 月 20 日降水过程造成该流域官仓村 10 余栋民房受淹。这次山洪灾害发生时间较近,能调查到较详细的灾情信息,对水文模型、淹没模型的调试有较大的帮助。

　　(2)不同等级山洪灾害致灾临界水位的确定

　　不同等级的山洪灾害需要通过历史灾情分析和现场考察来确定。通过现场调查可以确定不同的山洪灾害隐患点,例如水田、居民点、公路等。由于各隐患点相对山洪沟的地理位置不同,需要对隐患点相对山洪溪沟的距离和高程差等地理属性进行现场测量,确定各隐患点与山洪沟的高程差,为确定不同等级山洪灾害的水位高度奠定基础。

　　根据现场调查的结果,对曹水流域山洪灾害的风险等级分成高、中、低三级。考虑洪水漫出山洪沟为低风险,即将漫沟水位确定为低风险临界水位,为 99.16 m;中风险水位设置成淹没部分农田的水位,水田与沟的高程差平均为 0.5 m,将淹没水田的水位 99.66 m 作为中风险的临界水位;居民房与沟的高程差平均为 1.0 m,将淹没部分民房的水位 100.16 m,作为高风险临界水位。

　　(3)流量—水位关系的确定

　　山洪沟的流量和水位有较好的相关性。一般来说,山洪沟水位越高,流量就越大,两者之间有较好的指数关系。利用收集到的曹水流域水文资料,建立了曹水流域水位和流量之间的关系曲线(图 6.3),其关系式为:

$$f(x) = -3.318 \times 10^{-8} x^4 + 9.607 \times 10^{-6} x^3 - 0.00102 x^2 + 0.06326 x + 97.46$$

上式中 x 为流量值。

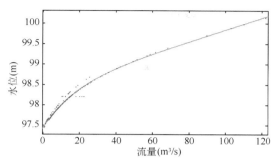

图 6.3 新斜站水位流量曲线图

关系式中预报量和观测值的相关系数为 0.98,超过了信度为 99% 的检验。根据以上关系式可以分别求出不同风险等级山洪灾害对应的临界流量:低风险临界流量为 55 m^3/s、中风险临界流量为 87.5 m^3/s、高风险临界流量为 122 m^3/s。

（4）Topmodel 模型的率定

Topmodel 模型在山洪灾害的水文模拟中得到了广泛的应用,该模式可以模拟出在一定面雨量下的山洪沟流量。Topmodel 模型借助于地形指数 $\ln(a/\tan\beta)$ 来描述和解释径流趋势及在重力排水作用下径流沿坡向的运动。模型在汇流时将坡面流与壤中流合在一起进行计算,假定径流在空间上相等,通过等流时线法进行汇流演算,求出单元流域出口处的流量过程。然后通过河道汇流演算,得到流域总出口处的流量过程,河道演算采用近似运动波的常波速洪水演算方法。采用 Topmodel 95.02 版本,根据收集到的降水、流量资料对模型所需的参数进行率定。

选取曹水流域 2000 年至 2008 年的 16 个洪水过程对 Topmodel 模型参数的率定和检验。模型使用的 DEM 分辨率为 25×25 m,模拟时间步长为 1 h。模型的输入为面雨量、蒸发量,输出为流量、径流深等。面雨量利用流域内 6 个自动雨量站的资料采用泰森多边形法进行计算,考虑到山洪过程中为阴雨天气,在率定模型时将蒸发量考虑为 0 mm。对模型参数率定的评估采用了 3 个指标:

• 确定性系数 R:R 越接近 1,模拟的效果越好。计算公式如下:

$$R = 1 - \frac{S_c^2}{\sigma_y^2}$$

其中:

$$S_c^2 = \sqrt{\frac{2}{n} \sum_{t=1}^{n} (y_i - \bar{y})^2}, \sigma_y = \sqrt{\frac{2}{n} \sum_{t=1}^{n} (x_i - \bar{x})^2}$$

式中:S_c 为预报流量误差值的均方差,σ_y 为观测流量的均方差,x_i、$\bar{x}$ 为观测流量序列及平均值,y_i、$\bar{y}$ 为预报流量序列及平均值,n 为计算的小时数。

• 相对径流深误差 D_r:D_r 是实测径流深和计算径流深的误差,越接近于 0,模拟的径流深精度越高。计算公式如下:

$$D_r = \frac{r_0 - r_e}{r_0} \times 100\%$$

式中:r_0 为实测径流深,r_e 为计算径流深。

• 洪峰相对误差 Dq：Dq 越接近 0，模拟的洪峰效果越好。

$$D_q = \frac{Q_{f0} - Q_{fe}}{Q_{f0}} \times 100\%$$

式中：Q_{f0} 为实测洪峰流量，Q_{fe} 为模拟洪峰流量。

经检验，参与率定与检验的洪水过程确定性系数均高于 0.7，其平均值为 0.85，径流深相对误差和洪峰相对误差平均小于 20%（见表 6.2），2008 年 6 月 16 日洪水过程模拟图见图 6.4。从模拟结果看，Topmodel 能够通过面雨量较准确地模拟出流量和径流深，实现流量反算流域面雨量。

表 6.2　部分降水过程流量模拟结果

序号	过程起始时间 年-月-日-时	确定性系数	径流深相对误差（%）	洪峰相对误差（%）
1	2000-04-24-04	0.90	−9.23	−7.40
2	2001-04-15-08	0.91	−10.18	8.69
3	2002-04-30-08	0.74	−8.00	13.97
4	2003-06-04-08	0.75	−5.77	−1.79
5	2006-06-02-08	0.84	16.53	−1.88
6	2008-06-16-08	0.88	−13.71	−8.06

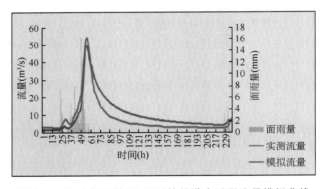

图 6.4　2008 年 6 月 16 日开始的洪水过程流量模拟曲线

（5）不同等级山洪灾害致灾临界面雨量的确定

利用 Topmodel 可以根据面雨量计算出流量，同样根据流量也可以反算出面雨量。根据 6.3 节（3）定出的不同等级临界流量，利用 Topmodel 分别反算了造成不同等级山洪灾害的 1 h、3 h、6 h、12 h、24 h 的面雨量，作为不同等级山洪灾害的临界面雨量，计算结果见表 6.3。

表 6.3　针对不同风险等级的不同降雨时长临界雨量值

降水时长（h）	低风险临界雨量（mm）	中风险临界雨量（mm）	高风险临界雨量（mm）
1	86.4	102.8	115.4
3	95.3	111.7	124.6
6	101.2	118.7	132.6
12	107.4	126.6	142.5
24	117.4	141.5	163.2

6.4 山洪灾害风险评估模型

山洪灾害风险评估模型采用的是基于灾害预警的灾害评估方法,对可能淹没范围内的风险点、影响情况进行数量上的评估。风险评估模型采用基于 GIS 的空间信息格网叠加法进行建模。即根据面雨量监测和预报,利用洪水淹没模型模拟出淹没范围,并按一定的比例尺进行栅格化,同时将承灾体数据库中的社会经济数据、风险点数据按同样比例进行栅格化,最后将两者进行叠加计算,从而评估出可能受影响的栅格点信息,并汇总统计,对山洪灾害可能造成的风险进行评估。其概念模型如图 6.5 所示:

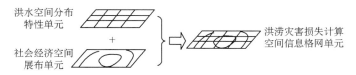

图 6.5　基于 GIS 的空间信息叠加法模型

当实况或预报流域面雨量达到山洪灾害致灾临界降雨量时,启动山洪淹没模型,对山洪可能淹没的范围进行模拟。山洪淹没过程的模拟使用 FloodArea 模型实现。FloodArea 模型基于 ARCGIS 平台运行,它可以通过输入面降水量来模拟出水深、淹没范围等,模型还需要DEM 以及土地利用信息,操作简单。

由于 2011 年曹水流域未出现山洪灾害,我们选取另一实验流域江西省德兴市洎水河流域进行了风险评估试验。2011 年 6 月 13—19 日,江西省德兴市连续受两次强降水袭击,过程总降水量达 595.9 mm,造成部分地区山洪暴发,造成较大损失,利用 Topmodel、FloodArea 对德兴市龙头山乡洎水河的过程流量、淹没范围进行了模拟。

图 6.6 给出了利用 Topmodel 模拟的过程逐小时流量模拟图,从图中中可以看出,洎水河在过程中洪峰流量分别出现在 6 月 15 日 14 时、6 月 18 日 12 时。根据从水文部门收集到的水文资料,此次过程洎水河银山站的洪峰流量分别出现在 6 月 15 日 16 时和 6 月 18 日 14 时。由于模拟的出水口在银山站的上游,模拟出现的洪峰时间比实际观测略早,模拟洪峰出现的时间和实际情况比较一致。但由于没有收集到流量和水位曲线图,所以对水位的模拟还需要进一步研究。

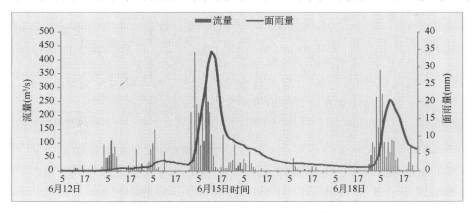

图 6.6　Topmodel 模型对洎水河流量的模拟结果

　　图6.7给出了FloodArea模型对这次洪水过程淹没最大范围的模拟图。从图中可以看出,流域内的桂湖村等地受淹水深较深,受灾较为严重,与灾情上报信息较为吻合。为评估这次山洪过程造成的风险损失,利用遥感解译的土地利用资料,通过GIS叠加分析,评估出该山洪过程造成林地、居民地、水田、旱地受淹面积分别为37.17 km²、0.14 km²、3.62 km²、1.04 km²。

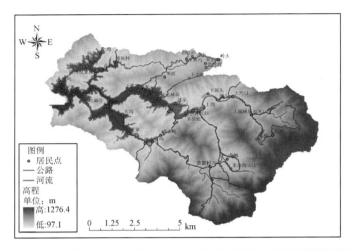

图6.7　德兴市2011年6月13—19日山洪过程最大淹没范围模拟图

6.5　讨论

　　山洪灾害风险评估业务是气象灾害防灾减灾工作中的重要工作之一,通过试点工作对评估方法进行了初步的探索,但还有以下问题值得进一步研究:

　　(1)承灾体数据精度

　　目前使用的基础地理信息数据为中国气象局共享的1:5万数据,数据空间分辨率为25 m,在对高程、居名点等信息的描述上还不够精细。同时在建立主要风险点承灾体数据库时需要进行大量的实地调查,工作量较大,难度高。

　　(2)山洪灾害致灾临界降水量的确定

　　暴雨山洪灾害致灾临界降水量有较大的局地性,不同的山洪沟的地理条件不同,不同的隐患点的地理环境不同。在曹水流域调试出得Topmodel模型在其他流域的适用性有待进一步检验。基于水文物理模型的致灾临界降雨量确定的方法需要大量的水文观测资料,对没有水文观测资料的流域如何确定致灾临界降雨量还需要进一步探讨。

　　(3)淹没模型有待进一步完善

　　淹没模型FloodArea在国内外洪水淹没模拟中得到应用,并取得较好的效果。淹没模型的应用中存在参数调整的问题,需要更多个例进行模拟,由于历史灾情中对淹没模拟的时间进度、淹没水深记录不够翔实,还需要在今后的工作中进一步完善淹没模型的调试。

（4）暴雨山洪气象灾害风险评估业务

暴雨山洪气象灾害风险评估业务是实时性要求较高的业务，需要及时获取流域内降水量资料、实时进行山洪淹没范围模拟、实时进行风险评估、实时开展预警服务。这需要评估流域加快自动雨量站建设，提高多普勒雷达定量反演降水、定量预报降水的业务能力，同时系统集成的淹没模型 FloodArea 对计算条件要求较高，实时模拟淹没范围有较大的运算量。业务平台业务运行后将对多个流域进行监测预警，业务布局需要进一步调整。系统运行中还需要不断优化算法、理顺业务流程，构建较好的人机交互操作界面。

参考文献

章国材. 2010. 气象灾害风险评估与区划方法. 北京:气象出版社.

7 贵州省中小河流洪水、山洪监测预警

李登文　牟克林　罗喜平　杨　静　汪　超　王　彪

（贵州省气象台）

贵州省为中国气象局预报与网络司山洪地质灾害监测预警试点省之一，我们利用望谟河、湄江河这两条河流 2010 年汛期水位和雨量观测资料，确定了致洪临界面雨量，并在 2011 年望谟河山洪、湄江河洪水监测预警中应用该研究成果，取得明显的防灾效益。

7.1　望谟河洪水监测预警

7.1.1　流域概况

望谟河位于贵州省望谟县境内。望谟县位于贵州南缘，东经 105°49′—106°32′，北纬 24°54′—25°37′，地处贵州高原向广西丘陵过渡的斜坡地带，地势北高南低，最高点在北部打易镇跑马坪，海拔高度 1718 m，最低点在南部昂武乡桑郎河出县境处，海拔高度 275 m，平均海拔 868 m。望谟河属珠江流域北盘江水系，全长 73.6 km，流域面积 557 km²，河流落差1211 m。望谟县城区位于河流的中段。望谟河发源于打易镇打易，河流由北向南流经打易镇，在上游接纳支流纳坝河，流经新屯镇，在甘河桥上游接纳支流纳过河，继续向南流经复兴镇（城区），再折向西南，接纳支流纳朝河和松林河后回转向南，在县界汇入北盘江。望谟河河流落差大，支流纳坝河落差 810 m，纳过河落差 674 m，纳朝河落差 842 m，松林河落差更达994 m。

7.1.2　临界雨量的确定

因目前收集到的望谟河的山洪历史个例为 1980 年之后的山洪个例，1998 年以前仅有县站雨量数据，无流域周围的乡镇逐小时雨量数据，难以确定山洪的临界雨量。2009 年 10 月贵州省在望谟河建立了水位雨量站。因此，利用 2010 年 5—10 月水位雨量站的逐时水位资料和流域内逐时乡镇雨量数据，寻找水位和雨量的关系，结合实地流域考察情况，以寻找该流域的临界雨量。

首先利用历史山洪个例的影响资料，将望谟河山洪划分为三个等级：水位上涨 4 m 以上，洪水进县城，定为一级山洪；水位上涨 2～4 m，洪水淹没学生上学的道路，定为二级山洪；水位上涨在 2 m 以下，影响不大，定为三级山洪。

由于水位雨量站的数据传输问题，有部分资料缺失，因此分析所用数据为望谟河水位雨量站 2010 年 4 月 1—27 日，5 月 5—31 日，6 月 1—26 日，7 月 23—31 日，8 月 1 日—9 月 11 日，

10月1—31日逐小时最大水位及其小时雨量(其间有部分时次水位或雨量数据丢失),以及相应的流域内乡镇逐小时雨量。

表 7.1 为望谟河流域内自动雨量站信息。该流域内有 5 个乡镇雨量站,1 个七要素站,1 个水位站。由于利用水位雨量站的水位资料来分析,故仅取水位雨量站上游的站点作为分析的对象,这包括打易、纳包、新屯和水位站,共 4 个。

表 7.1 望谟河流域雨量站信息

站号	站名	经度(°E)	纬度(°N)	是否分析所用站点
R9801	打易	106.103	25.362	是
R9817	纳包	106.110	25.293	是
R9803	新屯	106.097	25.247	是
\	水位站	108.0824	27.0901	是
R9808	平寨	105.994	25.201	否
57907	望谟	104.900	25.080	否
R9806	油迈	105.973	25.093	否

利用望谟河水位站 2010 年 4—10 月水位站逐时最大水位,挑选各流域具有较明显上涨水位(水位上涨≥0.1 m)的 1 h、2 h、3 h、6 h 个例;分别计算这些个例水位站水位上涨对应的各乡镇点前 1 h 雨量、前 2 h 雨量、前 3 h 雨量、前 4 h 雨量、前 5 h 雨量和前 6 h 雨量及其面雨量的相关系数。选择各对应时段相关系数最高的雨量点或面雨量,建立水位上涨与雨量点或面雨量一元一次回归方程。通过已建立的回归方程和山洪等级标准,确定引发不同级别山洪的临界(面)雨量。

望谟河为雨源性山区河流,地表径流由降雨补给,河流水位暴涨暴落特征明显,1 h、2 h 水位上涨最容易引发山洪。

(1)1 h 水位上涨的山洪预警等级指标

挑选相关系数较高的前 3 h 面雨量与 1 h 上涨水位建立模型,水位站 1 h 水位上涨与前 3 h 面雨量(R9801、R9817、R9803 平均)的相关系数为 0.619069。

水位站 1 h 水位上涨与前 3 h 面雨量的一元一次线性方程为:

$$y = 63.085x + 12.212 \tag{7.1}$$

其中 y 为前 3 h 面雨量(R9801、R9817、R9803 平均),x 为 1 h 水位站的水位上涨量。见图 7.1。

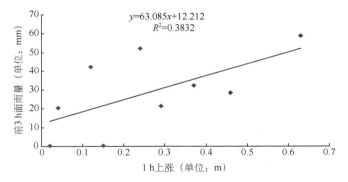

图 7.1 望谟河 1 h 水位上涨与雨量的关系

由(7.1)式得到望谟河 1 h 水位上涨 1—4 m 与前 3 h 面雨量的关系(表 7.2)。

表 7.2　望谟河 1 h 水位上涨及其对应面雨量

1 h 上涨水位(m)	前 3 h 面雨量(mm)(R9801、R9817、R9803 平均)
1	75.3
1.5	106.8
2	138.4
3	201.5
4	264.6

由此得到 1 h 水位上涨山洪预警等级指标：

三级：前 3 h 面雨量 70～140 mm，1 h 水位上涨 1～2 m；

二级：前 3 h 面雨量 140～260 mm，1 h 水位上涨 2～4 m；

一级：前 3 h 面雨量≥260 mm，1 h 水位上涨 4 m 以上。

(2)2 h 水位上涨的山洪预警等级指标：

挑选相关系数较高的 R9801 站前 1 h 雨量与水位上涨建立模型。水位站 2 h 上涨水位与 R9801 前 1 h 雨量的相关系数为 0.506593。

水位站 2 h 水位上涨与面雨量的一元一次回归方程为：

$$y = 25.527x + 4.0413 \tag{7.2}$$

其中 y 为前 1 h R9801 雨量，x 为 2 h 水位站的水位上涨量。见图 7.2。

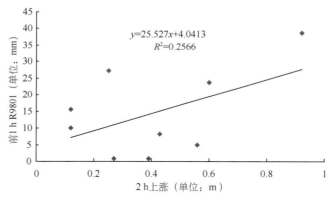

图 7.2　望谟河 2 h 水位上涨与雨量的关系

由(7.2)式得到望谟河 2 h 水位上涨 1～4 m 与 R9801 站前 1 h 雨量(表 7.3)。

表 7.3　望谟河 2 h 水位上涨及其对应雨量

2 h 水位上涨(m)	R9801 前 1 h 雨量(mm)
1	29.6
1.5	42.3
2	55.1
3	80.6
4	106.1

由此得到 2 h 水位上涨山洪预警等级指标：

三级山洪：R9801 前 1 h 雨量 30～60 mm，2 h 水位上涨 1～2 m；

二级山洪：R9801 前 1 h 雨量 60～100 mm，2 h 水位上涨 2～4 m；

一级山洪：R9801 前 1 h 雨量≥100 mm，2 h 水位上涨 4 m 以上。

7.1.3　试报情况

根据建立的望谟河临界雨量的阈值，贵州省气象台对 2011 年"6.6"望谟洪灾进行了试报，情况如下。

2011 年 6 月 5 日夜间至 6 日凌晨，望谟河上游出现强降水，造成望谟河沿岸及县城重大人员伤亡和财产损失。乡镇点雨情如表 7.4。6 日凌晨 1 点后，由于发生山洪，水位雨量站及望谟河上游的纳包乡雨量站被冲毁，凌晨 1 点后无雨量和水位记录。

表 7.4　2011 年 6 月 5 日 22 时—6 日 03 时望谟河上游乡镇雨量　　　　（单位：mm）

时间	R9801	R9817	R9803
5 日 22 时	0	0	0
5 日 23 时	37	22	1
6 日 00 时	106	45	3
6 日 01 时	63	43	2
6 日 02 时	25	无记录	23
6 日 03 时	37	无记录	52

图 7.3 为望谟河 4 日 08 时—6 日 23 时水位监测。6 日 02 时及之后由于洪水猛烈，水位监测站被冲毁。虽然水位监测站被冲走，但从冲毁前的水位变化可以看到，6 月 5 日 23 时起望谟河水位观测点的水位开始上涨。

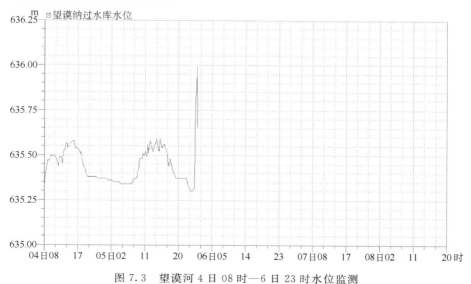

图 7.3　望谟河 4 日 08 时—6 日 23 时水位监测

分析 5 日 23 时—6 日 01 时指标站的降水量,见表 7.5。由表 7.5 可见,5 日 23 时起指标站的降水量就达到望谟河山洪预警标准。6 日 00 时,更达到未来 2 h 望谟河将上涨 4 m 以上的山洪一级标准。贵州省气象台根据临界雨量阈值,6 日 00:16 就通知望谟县气象局望谟县城达到了一级山洪条件,望做好预防工作。

表 7.5　望谟河 6 月 5 日 23 时—6 日 01 时山洪短时预警

时间	未来 1 h 预警情况	未来 2 h 预警情况
5 日 23 时	未达到 1 h 预警标准	指标站雨量 37 mm,达到三级标准,预计未来 2 h 水位上涨 1~2 m
6 日 00 时	面雨量 71.3 mm,达到三级标准,预计未来 1 h 水位上涨 1~2 m	指标站雨量 106 mm,达到一级标准,预计未来 2 h 水位上涨 4 m 以上
6 日 01 时	面雨量 107.3 mm,达到三级标准,预计未来 1 h 水位上涨 1~2 m	指标站雨量 63 mm,达到二级标准,预计未来 2 h 水位上涨 2~4 m

据灾后调查,望谟河大幅涨水是在 2 时左右,可见短时预警标准是可以提前预警的,预警服务效果很好。但是二级、三级预警指标由于县城没有水位站监测,仍有待验证和完善。

7.2　湄江河洪水监测预警

7.2.1　湄江河流域概况

湄江河流域范围涉及绥阳县、凤岗县、湄潭县,主要河段在湄潭县境内。湄潭县位于贵州北部,东经 107°15′—107°41′,北纬 27°20′—28°12′,地处大娄山南麓,乌江北岸,地势西、北部高,中部和东部、南部较低,最高点在北部,海拔高度 1562 m,最低点在东南部,海拔高度 461 m,平均海拔高度 941 m。湄江河主要河段位于贵州省遵义市湄潭县,属长江流域乌江水系。发源于绥阳县小关乡,常年平均流量为 73.3 m³/s。自北向南流经湄潭县 8 个乡镇,流域总面积约 720 km²,于新南乡角口处与湘江汇合,属于中小河流。

表 7.6 为湄江河流域内雨量站信息。该流域内有 8 个乡镇雨量站,1 个七要素站,1 个水位站。由于利用水位雨量站的水位资料来分析,故仅取水位雨量站上游的站点作为分析的对象,这包括复兴、清江、洗马、鱼泉、永兴和水位站,共 6 个。

表 7.6　湄江河流域雨量站信息

站号	站名	经度(°E)	纬度(°N)	是否分析所用站点
R2306	小关	107.445	28.026	否
R2352	复兴	107.608	27.991	是
R2353	清江	107.518	27.985	是
R2364	洗马	107.504	27.944	是
R2354	鱼泉	107.484	27.867	是
R2355	永兴	107.586	27.876	是

站号	站名	经度(°E)	纬度(°N)	是否分析所用站点
\	水位站	107.5299	27.7968	是
R2356	天城	107.585	27.787	否
57722	湄潭	107.460	27.760	否
R2365	梁桥	107.496	27.673	否

7.2.2 资料和方法

因目前收集到的湄江河的洪水历史个例为 1970 年之后的个例,2009 年之前仅有县站雨量数据,无流域周围的乡镇逐小时雨量数据,不可能利用历史山洪个例的逐时雨情来计算分析短时临界雨量。2009 年 10 月贵州省在湄江河建立自动水位雨量站。因此,利用 2010 年 5—10 月水位雨量站的逐时水位资料和流域内逐时乡镇雨量数据,寻找水位和雨量的关系,结合实地流域考察情况,以寻找该流域的致洪临界面雨量。

分析所用数据为湄江河水位雨量站 2010 年 4 月 1—27 日,5 月 5—31 日,6 月 1—26 日,7 月 23—31 日,8 月 1 日—9 月 11 日,10 月 1—31 日逐小时最大水位及其小时雨量(其间有部分时次水位或雨量数据丢失),以及相应的流域内乡镇逐小时雨量。

7.2.3 确定致洪临界面雨量的思路

由于湄江河较望谟河长,且落差小于望谟河,但落差要大于平原上的河流,因此,湄江河既有陡涨的洪水,也有比较慢发的洪水。所以,研究致洪临界(面)雨量时,既要考虑 1 h、2 h、3 h 水位上涨,也要考虑 4 h、5 h、6 h 水位上涨,雨量资料的时段也应当比望谟河长,既要有水位上涨时和上涨前 1 h、前 2 h、前 3 h 的雨量,也要有上涨前 4 h、前 5 h、前 6 h 的雨量。

利用湄江河水位站 2010 年 4—10 月水位站逐时水位资料,挑选各流域具有较明显上涨水位(水位上涨≥0.1 m)的个例;分别计算这些个例水位上涨时及水位上涨前 1 h、前 2 h、前 3 h、前 4 h、前 5 h、前 6 h 对应的乡镇区域自动气象站雨量及流域面雨量,然后分别计算这些雨量与水位上涨的相关系数。选择相关系数最高的雨量点或面雨量建立一元一次方程。

通过实地考察和历史个例确定流域出现灾害时水位的上涨量并分级。通过已建立的水位上涨与面雨量或站点雨量的回归方程,确定不同洪水等级的临界(面)雨量。

7.2.4 湄江河致洪临界(面)雨量

(1)1 h 水位上涨

水位站水位上涨与前 6 h 面雨量(mm)(R2352、R2353、R2354、R2364 平均)的相关系数最高,为 0.867095。

1 h 水位站水位上涨与 6 h 面雨量的一元一次回归方程为:

$$y = 86.434x + 13.162 \qquad (7.3)$$

其中 y 为前 6 h 面雨量（mm）（R2352、R2353、R2354、R2364 平均），x 为 1 h 水位站的水位上涨量，见图 7.4。

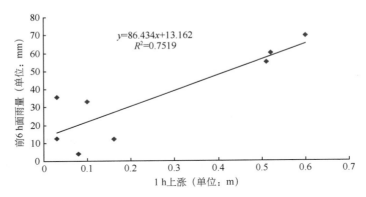

图 7.4 湄江河 1 h 水位上涨与雨量的关系

由（7.3）式和对历史山洪的分析，及实地考察，得到湄江河 1 h 水位上涨 1～3 m 与前 6 h 面雨量（mm）（R2352、R2353、R2354、R2364 平均）（见表 7.7）。

表 7.7 湄江河 1 h 水位上涨及其对应面雨量

1 h 水位上涨（m）	前 6 h 面雨量（mm）（R2352、R2353、R2354、R2364 平均）
1	99.6
2	186.0
3	272.5

由此得到 1 h 山洪预警等级划分：

三级山洪：前 6 h 面雨量（mm）（R2352、R2353、R2354、R2364 平均）100～180 mm，1 h 水位上涨 1～2 m；

二级山洪：前 6 h 面雨量（mm）（R2352、R2353、R2354、R2364 平均）180～270 mm，1 h 水位上涨 2～3 m；

一级山洪：前 6 h 面雨量（mm）（R2352、R2353、R2354、R2364 平均）≥270 mm，1 h 水位上涨 3 m 以上。

（2）2 h 水位上涨

2 h 水位上涨与前 6 h 面雨量（mm）（R2352、R2353、R2354、R2364 平均）的相关系数最高，为 0.713437。

2 h 水位站水位上涨与前 6 h 面雨量的一元一次回归方程为：

$$y = 34.671x + 9.7041 \qquad (7.4)$$

其中 y 为前 6 h 面雨量（mm）（R2352、R2353、R2354、R2364 平均），x 为 2 h 水位站的水位上涨量，见图 7.5。

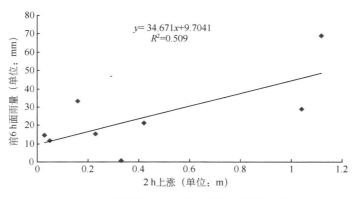

图 7.5 湄江河 2 h 水位上涨与雨量的关系

由(7.4)式和对历史山洪的分析及实地考察,得到湄江河 2 h 水位上涨 1~3 m 与前 6 h 面雨量(mm)(R2352、R2353、R2354、R2364 平均)(表 7.8)。

表 7.8 湄江河 2 h 水位上涨及其对应面雨量

2 h 水位上涨(m)	前 6 h 面雨量(mm)(R2352、R2353、R2354、R2364 平均)
1	44.4
2	79.0
3	113.7

由此得到 2 h 山洪预警等级划分:

三级山洪:前 6 h 面雨量(mm)(R2352、R2353、R2354、R2364 平均)50~80 mm,2 h 水位上涨 1~2 m;

二级山洪:前 6 h 面雨量(mm)(R2352、R2353、R2354、R2364 平均)80~120 mm,2 h 水位上涨 2~3 m;

一级山洪:前 6 h 面雨量(mm)(R2352、R2353、R2354、R2364 平均)≥120 mm,2 h 水位上涨 3 m 以上。

(3)3 h 水位上涨

3 h 水位上涨与前 6 h 面雨量(mm)(R2352、R2353、R2354、R2364 平均)的相关系数最高,为 0.87638。

3 h 水位站水位上涨与前 6 h 面雨量的一元一次回归方程为:

$$y = 46.059x + 1.7119 \tag{7.5}$$

其中 y 为前 6 h 面雨量(mm)(R2352、R2353、R2354、R2364 平均),x 为 3 h 水位站的水位上涨量,见图 7.6。

由(7.5)式和对历史山洪的分析及实地考察,得到湄江河 3 h 水位上涨 1~3 m 与前 6 h 面雨量(mm)(R2352、R2353、R2354、R2364 平均)(表 7.9)。

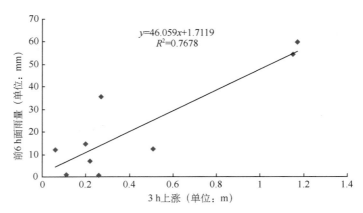

图 7.6　湄江河 3 h 水位上涨与雨量的关系

表 7.9　湄江河 3 h 水位上涨及其对应面雨量

3 h 水位上涨(m)	前 6 h 面雨量(mm)(R2352、R2353、R2354、R2364 平均)
1	47.8
2	93.8
3	139.8

由此得到 3 h 山洪预警等级划分:

三级山洪:前 6 h 面雨量(mm)(R2352、R2353、R2354、R2364 平均)50～100 mm,3 h 水位上涨 1～2 m;

二级山洪:前 6 h 面雨量(mm)(R2352、R2353、R2354、R2364 平均)100～140 mm,3 h 水位上涨 2～3 m;

一级山洪:前 6 h 面雨量(mm)(R2352、R2353、R2354、R2364 平均)≥140 mm,3 h 水位上涨 3 m 以上。

(4)6 h 水位上涨

6 h 水位上涨与前 6 h 面雨量(mm)(R2352、R2353、R2354、R2364 平均)的相关系数最高,为 0.938097。

6 h 水位站水位上涨与 6 h 面雨量的一元一次回归方程为:

$$y = 38.787x - 6.7382 \tag{7.6}$$

其中 y 为前 6 h 面雨量(mm)(R2352、R2353、R2354、R2364 平均),x 为 6 h 水位站的水位上涨量,见图 7.7。

由(7.6)式和对历史山洪的分析及实地考察,得到湄江河 6 h 水位上涨 1～3 m 与前 6 h 面雨量(mm)(R2352、R2353、R2354、R2364 平均)(表 7.10)。

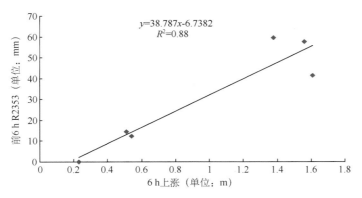

图 7.7　湄江河 6 h 水位上涨与雨量的关系

表 7.10　湄江河 6 h 水位上涨及其对应面雨量

6 h 水位上涨（m）	前 6 h 面雨量（mm）（R2352、R2353、R2354、R2364 平均）
1	32
2	70.8
3	109.6

由此得到 6 h 山洪预警等级划分：

三级山洪：前 6 h 面雨量（mm）（R2352、R2353、R2354、R2364 平均）50～70 mm，6 h 水位上涨 1～2 m；

二级山洪：前 6 h 面雨量（mm）（R2352、R2353、R2354、R2364 平均）70～100 mm，6 h 水位上涨 2～3 m；

一级山洪：前 6 h 面雨量（mm）（R2352、R2353、R2354、R2364 平均）≥100 mm，6 h 水位上涨 3 m 以上。

7.2.5　试报情况

根据建立的湄江河致洪临界面雨量指标，贵州省台开始对湄江河洪水进行试报。针对 2011 年"6.18"湄潭洪灾进行专门的检验。试报情况如下。

2011 年 6 月 18 日凌晨，湄江河沿线出现强降水，造成湄江河水位暴涨，沿岸及湄潭县城财产损失严重。县城及 6 个乡镇出现洪涝灾害，27000 人不同程度受灾，紧急转移安置 3750 人，县城低洼地带受淹，农作物受灾 880 hm²，直接经济损失约 514 万元。

湄江河乡镇点雨情如表 7.11。

图 7.8 为湄江河 16 日 08 时—20 日 20 时水位监测。从水位变化可以看到，6 月 18 日 00 时起湄江河水位观测点（水位站位于湄江河上游，湄潭县城位于湄江河下游）的水位开始上涨。00 时—12 时水位观测点的水位持续上涨。

表 7.11　2011 年 6 月 17 日 21 时—18 日 08 时湄江河乡镇雨量　　　（单位:mm/h）

时间	R2352	R2353	R2364	R2354
17 日 21 时	2.8	15.7	9.2	5.9
17 日 22 时	8.6	39.7	24.0	17.7
17 日 23 时	30.6	6.0	6.6	2.1
18 日 00 时	19.0	17.6	16.4	16.7
18 日 01 时	18.3	26.1	27.8	29.7
18 日 02 时	18.2	24.6	38.9	18.7
18 日 03 时	11.1	10.7	11.5	10.3
18 日 04 时	9.5	0.4	0.9	0.7
18 日 05 时	0.9	2.4	2.0	1.0
18 日 06 时	3.9	14.8	16.2	6.5
18 日 07 时	7.4	1.9	0.5	0.1
18 日 08 时	0	0	0	0

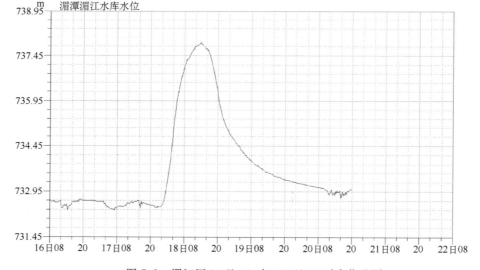

图 7.8　湄江河 16 日 08 时—20 日 20 时水位监测

根据以上预警等级标准,18 日 02 时即可满足湄江河山洪短时预警标准(见表 7.12)。对于未来 6 h,即可达到山洪一级标准。贵州省气象台从 18 日 1 点开始发出警报,提醒湄潭县气象局将发生山洪,3 时发出一级预警。实况是 18 日 11 时左右最大洪峰袭击湄潭县,最高水位离横跨县城的桥面仅 0.5 m。

表 7.12 湄江河 6 月 18 日 2 时—3 时山洪短时预警

时间	未来 1 h 预警	未来 2 h 预警	未来 3 h 预警	未来 6 h 预警
18 日 02 时	面雨量 110.2 mm，达到三级标准，未来 1 h 水位上涨 1~2 m	面雨量 110.2 mm，达到二级标准，未来 2 h 水位上涨 2~3 m	面雨量 110.2 mm，达到二级标准，未来 3 h 水位上涨 2~3 m	面雨量 110.2 mm，达到一级标准，未来 6 h 水位上涨 3 m 以上
18 日 03 时	面雨量 112.7 mm，达到三级标准，未来 1 h 水位上涨 1—2 m	面雨量 112.7 mm，达到二级标准，未来 2 h 水位上涨 2~3 m	面雨量 112.7 mm，达到二级标准，未来 3 h 水位上涨 2~3 m	面雨量 112.7 mm，达到一级标准，未来 6 h 水位上涨 3 m 以上

7.3 小结

2011 年主汛期以来，根据建立的望谟河和湄江河山洪短时临界面雨量阈值进行试报，特别在 2011 年贵州"6.6"望谟洪灾和"6.18"湄潭洪灾都能提前预警，且都达到山洪一级预警，效果很好，但是二级、三级标准由于县城没有水位站监测，有待验证和完善。与此同时，建模所用的样本还比较少，在样本增多后，需要重新建模，以进一步提高致洪临界面雨量的质量。

另外，目前两条河洪水的分级主要考虑的是对县城的影响，今后还需要根据对沿河两岸村镇的影响，分段细化致洪临界面雨量。

参考文献

章国材. 2010. 气象灾害风险评估与区划方法. 北京:气象出版社.

8 安徽省流域暴雨洪涝灾害风险评估方法

田 红 卢燕宇 谢五三

（安徽省气候中心）

8.1 背景与目的

随着经济社会的发展,自然灾害造成的损失越来越明显,已经成为影响经济发展、社会安定和国家安全的重要因素。在众多的自然灾害中,气象灾害所占的比重最大。据联合国世界气象组织（WMO）统计,气象灾害损失占自然灾害总损失的 70％以上（WMO,2006）,并且受气候变化影响,未来全球洪涝灾害发生的风险将会进一步上升（Nichalls *et al*.,1999;Milly *et al*.,2005）。暴雨洪涝是重要的气象灾害之一,1950—2005 年我国平均每年因暴雨洪涝造成受灾农作物面积为 943 万 hm^2（秦大河,2007）。安徽地处中纬度地带,属亚热带向暖温带的过渡型气候,天气气候复杂多变,淮河、长江横贯境内,水网密集,暴雨洪涝灾害频繁。尤其是淮河流域平原广阔,地势低平,因洪致涝和"关门淹"现象十分严重,是洪涝灾害脆弱区。因此,长期以来淮河防汛抗洪一直是安徽人民的艰巨任务。

国内外大量的减灾实践表明,防灾减灾三大体系——监测预报体系、防御体系和紧急救援体系在时间域与空间域上的优化配置和有序建设,需要以正确的灾害风险分析成果为基本依据（苏桂武等,2003）。因此,为更好的防御暴雨洪涝灾害,及时有效的制定防灾减灾对策和措施,开展灾害风险研究显得尤为重要。目前,无论是政府、有关行业或是社会公众对气象灾害风险信息有迫切的需求,而气象部门的服务能力与此还有很大差异,亟待建立起面向实时气象防灾减灾的风险评估业务方法,以提升气象部门的服务能力。

2011 年,中国气象局现代气候业务建设试点任务中将暴雨洪涝灾害风险评估业务试点列为重点任务。作为五个试点省之一,安徽气候中心承担了流域暴雨洪涝灾害风险评估试点建设。通过本项工作力争建立起面向实时气象防灾减灾的风险评估业务,增强气象服务实效,有效地规避暴雨洪涝灾害风险,最大限度减少人民生命财产损失,为防灾减灾和经济社会可持续发展提供更加有力的气象保障服务。

8.2 思路与方案

8.2.1 技术思路

风险评估的出发点和归宿是如何避免和减轻自然灾害对人民生命财产和社会经济的破坏和损害,也就是说风险评估是为了预防风险,其首要任务是需要回答灾害在何时、何地以何种规模发生,对某地或某区域有可能发生的风险是什么及其程度如何(章国材,2003)。对于流域暴雨洪涝灾害而言,其灾害发生的最直接原因是流域集水区内强降水量超过某一临界值,使得河流水量无法维持出入平衡,而导致渍涝或洪水淹没等现象,并产生危害流域社会经济的后果。针对上述致灾过程,暴雨洪涝灾害风险的评估可以分解为:1)流域面雨量的计算;2)降水致洪过程的描述以及致灾临界雨量的确定;3)灾害影响范围和强度的动态分析;4)承灾体的暴露量及灾损敏感性评估等一系列气象水文和社会统计环节,从而可以采用多学科交叉的方式来综合解决这些环节中的关键问题。通过分析各部分中关键要素的因果关联和有机联系来耦合各个环节,建立面向实时防灾减灾的暴雨洪涝灾害风险评估方法(图 8.1),实现灾害风险的精细化动态评估。

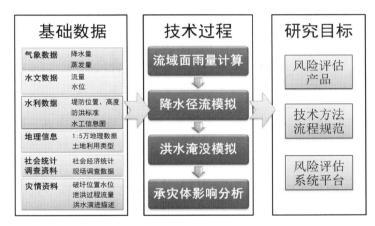

图 8.1 暴雨洪涝灾害风险评估的技术路线

8.2.2 拟解决的关键技术

在风险评估中核心问题是需要解决灾害风险的动态评估技术,建立起实时气象灾害风险评估的方法体系和技术流程。根据暴雨洪涝的致灾机理,本研究将以气象数据、水文水利资料、地理信息数据和社会统计资料为基础,综合运用气象学、水文学以及统计学方法并结合GIS 技术,来科学描述洪涝灾害发生发展的一系列过程以及对社会经济的可能影响,建立暴雨洪涝灾害实时动态评估技术体系,从而实现灾害风险的动态评估。其中所需解决的关键技术可分为以下部分:

① 建立研究区域内的面雨量估测算法,以准确快速地进行流域面雨量估算。

② 研究流域面雨量与河流水文特征间的关系,建立降水－河流水位的实时模拟模型;同时基于若干典型灾害案例或防洪设施标准,分析产生洪灾的临界面雨量。

③ 研究给定水位下洪水演进过程及其水文特征,动态模拟灾害发生时洪水淹没面积、深度和历时。

④ 建立研究区内的承灾体数据库,定量分析承灾体的物理暴露量,在有条件的情况下,进一步研究不同类型承灾体灾损率与灾害强度的定量关系,以分析承灾体的灾损敏感性。

⑤ 研究暴雨洪涝灾害致灾过程各环节的因果关联和有机联系,通过各环节中的关键要素耦合上述各过程,建立暴雨洪涝灾害风险的动态评估方法流程,实现研究目标。

8.2.3　研究方案

① 流域面雨量的定量估算:以 GIS 技术提取研究河段的集水区域,以此区域作为面雨量的研究范围,根据研究区特点,建立适用于研究区域内的面雨量算法,以准确快速地进行流域面雨量估算。

② 暴雨致洪过程分析:研究流域面雨量与河流水文特征间的关系,建立降水－径流的实时模拟模型,以流域面雨量实时估算结果为输入条件,来模拟河流径流的变化情况。

③ 致灾临界气象条件的确定:基于若干典型灾害案例(洪灾出现时水位)或防洪设施标准(警戒、保证水位等),采用上述模型进行反演分析产生洪灾的临界气象条件,应用该条件作为判断是否进行风险评估后续分析的阈值。

④ 基于 GIS 的洪水淹没的动态模拟:基于 GIS 平台,运用水动力学模型动态模拟洪水的演进过程。动态模拟不同水位或流量下堤防破圩、河岸漫顶以及普降暴雨等情景下洪水的演进过程,提取洪水淹没面积、深度分布等要素,并结合历史洪水过程资料对模型模块以及相关参数进行优化和完善。

⑤ 承灾体数据库的建立和灾损敏感性分析:调查收集研究范围内的各类社会经济资料(包括行政区划信息、居名点、耕地面积、人口、社会经济数据等)、地面物理暴露数据资料(包括房屋建筑物、交通线、农作物等)、土地利用类型数据等,建立承灾体数据库。并且采用现场走访、问卷调查、抽样分析等方法进一步研究不同类型承灾体灾损率与淹没水深及历时的定量关系,以分析承灾体的灾损敏感性。

⑥ 致灾过程的耦合以及风险评估的实现:研究暴雨致洪过程各环节的因果关联和有机联系,通过各环节中的关键要素(如面雨量、河流水位、淹没范围和水深等)将以上各过程耦合,建立从降水→流域面雨量→径流→淹没范围及水深分布→灾损风险的评估方法流程和体系(图8.2),并实现暴雨洪涝灾害风险的综合评估。

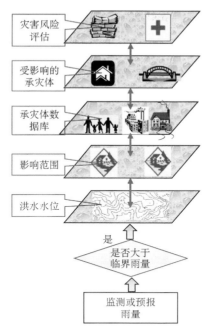

图 8.2　暴雨洪涝灾害风险评估流程

8.3　研究区与基础资料

8.3.1　研究区域

由于本项工作可供借鉴的经验少,相关工作基础薄弱。故首先设立有限目标,以建立面向实时气象防灾减灾的暴雨洪涝灾害风险评估方法和业务流程为目标,开展流域洪涝灾害风险评估。项目实施采用先点后面,逐步展开的方式,结合前期工作基础,先选择淮河流域重要控制站王家坝所在的阜南县为试点地区(图 8.3),开展洪涝灾害风险评估,建立评估技术流程和系统,待方法和系统成熟后,再逐步向其他地区推广。

阜南县位于安徽省西北部,淮北平原西南端,属黄淮平原的一部分,地处淮河上、中游结合部。阜南县地势平坦开阔,一望无际,全县地势由西北向东南逐渐缓倾,地面高程在 34.5 ～ 20 m 之间,平均坡降八千分之一。北部为河间平原,中部为沿河坡地,南部为蒙洼蓄洪区。位于阜南境内的王家坝闸是淮河重要的水利枢纽工程,被誉为千里淮河第一闸。王家坝闸是淮河唯一由国家防总统一调度的大闸,足见其在整个淮河流域防洪中的重要性——通过王家坝闸,可以有效地削减淮河洪峰,减轻淮河中游压力,建闸至今已 14 次开闸蓄洪。它被称为淮河防汛的"晴雨表"、淮河灾情的"风向标"。

图 8.3　研究试点地区地理位置

8.3.2　基础数据资料

根据前文所述的技术思路,本项工作是一项跨学科、跨领域的工作,涉及部门内外资料的收集整理,包括了气象数据、水文水利资料、地理信息数据和社会统计资料等多方面的基础资料。在已有的安徽省 1∶5 万地理信息数据集的基础上,根据研究区边界,提取了研究区的相关地理要素数据,如 DEM、水系、居民点分布等。通过部门合作共享,收集了相关的水文资料序列、水利工程数据、研究区 1∶10 万土地覆盖类型数据、1∶100 万土壤类型数据、乡镇行政区划数据和相关社会统计资料及灾害普查数据等(表 8.1)。

表 8.1　基础数据资料清单

类别	数据描述	时段/属性	来源
气象数据	阜南县国家站和区域站降水、温度	建站—2010	安徽省气候中心
	淮河流域内气象站降水、温度	建站—2010	淮河流域气象中心
水文数据	王家坝站水位、流量	1997—2010	淮河水利委员会
	王家坝闸、曹集站水位、流量	2003—2010	安徽省水文局
水利数据	蒙洼蓄洪区及防洪工程资料		阜南县水利局
地理信息	DEM、居民点、水系、道路等	1∶5 万	安徽省气候中心
	土地利用资料	1∶10 万	安徽省气候中心
社会统计与灾情	乡镇分布,历年暴雨洪涝灾情,蒙洼蓄洪区内庄台统计资料等		阜南县气象局

其中需要注意的是,由于研究的是流域暴雨洪涝灾害,在计算汇水区域的时候,不仅要考虑研究区,同时还涉及上游区域。本研究根据淮河流域 DEM 数据和出水断面位置信息,利用 GIS 的水文分析功能提取了研究区上游汇水区,以供后续面雨量计算和降水径流关系的模拟等分析。

8.4 风险评估关键技术研究及成果

8.4.1 面雨量计算

流域面雨量是开展风险评估的起始要素,是所有工作的基础。然而由于降水的时空分布不均匀,如何准确估算面雨量始终是一个科学难题。近年来随着气象学、数学、水文学、遥感等学科技术的发展,流域面雨量的估算技术也有了长足的发展。目前流域面雨量估算技术主要可分为两大类,一是以地面测站雨量观测结果为基础,采用空间插值的方法得到细网格化的面雨量估算结果(Pardo-Iguzqiza,1998)。另一种是以遥感观测手段如雷达来估测面雨量(Joss et al.,1990)。这两类技术各有利弊,需要根据研究目的来选择使用,同时将地面降水与雷达估测降水数据进行融合的估算方法研究也是当前流域面雨量研究的热点方向(徐晶等,2007)。

本工作重点关注以王家坝为出口断面的流域面雨量,首先根据水系、DEM 和断面位置等信息,确定和提取了王家坝以上流域的范围。而在该区域内雨量站分布相对较为密集和均匀,因此,本研究直接采用地面雨量站的降水来进行面雨量的计算,估算方法为常用的泰森多边形和算术平均法,形成了王家坝以上流域面雨量的逐日序列(图 8.4)。

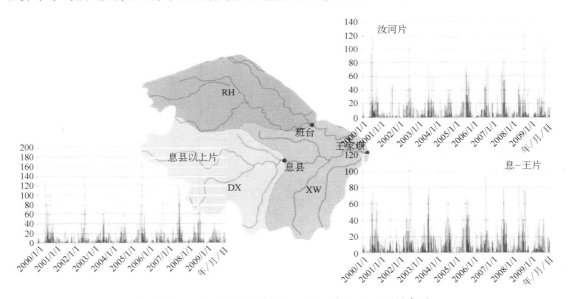

图 8.4 王家坝以上流域 2000—2009 年逐日面雨量序列

8.4.2 降水径流关系与致灾临界条件分析

降水仅是洪涝灾害发生的诱因,只有当流域面雨量达到某一临界条件时洪涝灾害才会出现,因此,临界气象条件对于洪涝灾害的发生既是必要条件又是充分条件,是致灾因子危险性的重要表征。由于灾害是否发生不仅与致灾因子有关,而且与人类社会所处的自然地理环境条件以及防灾设施的能力有关。因此,在研究洪涝灾害的致灾临界气象条件时,不仅要考虑降水的量值,同时还必须考虑自然地质地理条件(孕灾环境)以及防灾工程设施的影响。对于暴雨洪涝灾害而言,致灾临界面雨量可以基于水文气象耦合技术(刘晓阳等,2002;Ren et al.,2003;李致家等,2004),建立适用于研究区域的面雨量与河流实时水文特征(流量、水位等)的定量关系,来模拟降水致洪过程,并通过雨—洪—灾三者的关系来最终确定致灾临界面雨量。

本研究所涉及的王家坝以上流域面积达 3 万 km²,根据研究区的特点,拟采用新安江模型、半分布式水文模型和统计模型三种方法来分析降水径流关系。

8.4.2.1　新安江模型

新安江三水源模型是由河海大学赵人俊教授研制的(赵人俊,1984),在国内洪水预报中得到了普遍的应用(张建云,2010)。新安江模型是一个分散参数的概念性模型。根据流域下垫面的水文、地理情况将其流域分为若干个单元面积,将每个单元面积预报的流量过程演算到流域出口然后叠加起来即为整个流域的预报流量过程。

单元面积水文模拟采用:产流采用蓄满产流概念;蒸散发分为三层:上、下层和深层;水源分为地表、壤中和地下径流三种水源;汇流分为坡地、河网汇流两个阶段。

新安江模型已经在淮河流域气象中心开展了业务应用和运行,对王家坝出口断面的预报框架如图 8.5 所示,利用多场历史洪水对模型进行了率定,结果表明,新安江模型对王家坝站的确定性系数达 0.8 以上。本研究进一步采用 2009—2010 年资料对新安江模型的日常预报效果进行了检验,如图 8.6 所示,模型预报的确定性系数达 0.77,能够较好的反映王家坝站流量变化特征,可以捕捉到水势涨落动态,较好地模拟出了洪水过程对面雨量的定量响应关系。

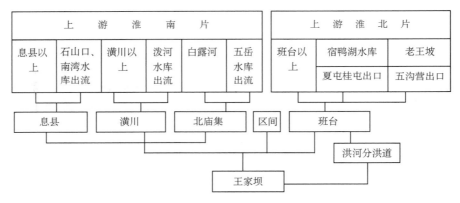

图 8.5　王家坝以上流域预报结构与框架

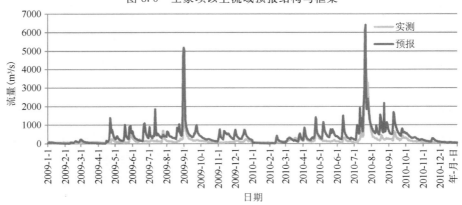

图 8.6　新安江模型对王家坝站 2009—2010 年逐日流量的预报结果

8.4.2.2 半分布式水文模型

除了采用在淮河流域已有成熟应用的新安江模型开展降水径流关系模拟外,本研究进一步结合研究区特点,引入了 HBV 模型(Hydrologiska Byråns Vattenbalansavdelning model)。HBV 模型是由瑞典水利气象研究中心于 20 世纪 70 年代开发的用于河流流量预测和河流污染物传播的水文模型(Bergstrom,1976)。在过去 30 多年里,随着推广和应用,不断推出新的版本。本研究所采用的模型版本——HBV light(Seibert,1998)在 Bergstrom 所描述的 HBV-6 版本(Bergstrom,1995)的基础上改进而来。

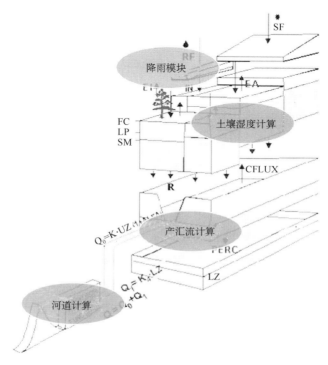

图 8.7　HBV 模型原理和结构

HBV 模型是一个概念性、半分布式的流域水文模型,输入数据为日降雨量、气温和月潜在蒸发量,输出为日径流深。模型包括降水模块(由日温度方法来划分降水、积雪和融雪),土壤模块(其中地下水补给和实际蒸发用实际土壤蓄水量的函数来计算),产汇流模块(用三个线性水库方程描述)和一个河道模块(图 8.7),模型参数包括了积雪和融雪参数、温度阈值参数、田间持水量、退水系数、河道参数等。

由于结构简单,输入数据要求少,参数也比较少,HBV 模型被较多地应用于流域水文预报研究中(包括本研究)。它是以北欧的水文环境为背景开发的,在欧洲、美洲、澳洲等地区 30 多个国家都有广泛的应用,但在国内应用还比较少。本工作采用了王家坝以上流域 2003—2007 年逐日气象、水文数据对 HBV 模型参数进行了率定,研究了 HBV 模型在该区域的适用性。模型参数的率定采用模型自带的 GAP 优化方法来获得,通过自适应算法可得到一组适用于研究区的最优化参数,率定结果如图 8.8 所示。可以看出率定后的 HBV 模型对王家坝站日径流深模拟的确定性系数达 0.9 以上,模型模拟的结果与实况较一致,能够很好地模拟出王家坝以上流域的日径流过程。

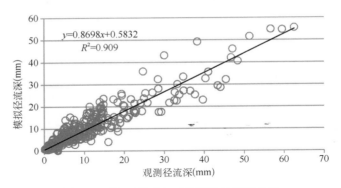

图 8.8　HBV 模型在王家坝站的率定效果

为进一步检验 HBV 模型效果，本研究使用 2007—2009 年逐日资料对 HBV 在王家坝以上流域的预报效果进行了检验（图 8.9）。可以看出经过率定后的 HBV 模型在王家坝以上流域具有很强的适用性，对王家坝站逐日径流深模拟的确定性系数超过了 0.94，模拟出的水文过程线与实际基本吻合，很好的预报出了洪水对降水的响应过程，从而能够结合灾害发生条件（如河水达警戒水位、保证水位等）来推算出致灾临界气象条件。

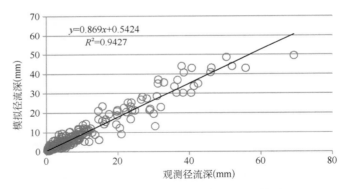

图 8.9　HBV 模型在王家坝站的验证结果

8.4.2.3　统计模型

流域水文系统的降雨径流过程是十分复杂的问题。降雨径流的影响因素很多，不仅与降雨的时空分布有关，而且与流域下垫面条件以及人类活动影响密切相关。水文系统的时空分布不均和非线性是其客观存在的性质。自 20 世纪 50 年代中期开始，国内外已经有了很多水文模型应用于流域降雨径流过程模拟及预报。近年来，随着计算机软、硬件的日益成熟，功能迅猛增强，凭借于计算机的高速计算功能而得以发展的人工神经网络（Artificial Neural Network，简称 ANN）对水文系统模拟提供了一个新的理论方法，在水文学及水资源领域内得到了广泛的应用（李向阳等，2006；桑燕芳等，2009）。ANN 是一种数据挖掘技术，可以递归式的"从数据中学习"，即具有记忆功能，可以大大节省建模成本和时间，非常适用于复杂多变、非线性的水文系统。

虽然 ANN 模型被认为是一种"黑箱"模型，但其建立过程与其他模型一样，也是一个非常复杂的过程。在 ANN 建立的过程中,要考虑的内容主要包括:数据前处理、挑选足够的模型训练样本、最优模型输入模式、选择合适的网络拓扑结构(如给出最优结构的隐节点数)、参数估计和模型检验。在针对水文系统建立 ANN 模型前,需要首先考虑到水文系统自身的特征和所需参数的物理意义。本研究的 ANN 模型是基于河流水文系统的自相关性特征来建立的,即河流径流量的大小和前期(尤其是前一个时刻)径流量大小有一定关系,这种特性要求在建立模型时必须考虑 t 时刻水文特征量和 t 时刻前水文特征量之间的关系,t 的大小一般与流域的汇流时间密切相关。

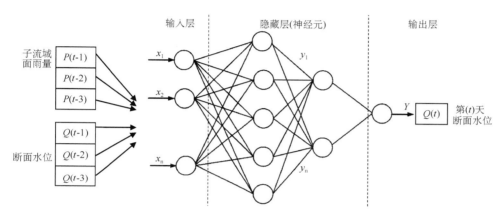

图 8.10　人工神经网络模型架构

　　根据前人研究,王家坝以上流域内降水汇流到王家坝出口断面一般在 3 d 以内,因此我们以前 3 d 的流域面雨量和断面水位做输入,通过 ANN 模型来预测王家坝站第 (t) 天的断面水位(图 8.10),其中以 2000—2004 年数据作为训练样本建立 ANN 模型,以 2005—2009 年资料来检验所建立的 ANN 模型。由图 11 可知,虽然本研究所建立的 ANN 水位预报模型输入较为简单,但由于 ANN 具有强大的非线性拟合能力和系统学习能力,以及模型参数充分考虑了水文现象的特性,所选参数具有明确的物理含义,因此,ANN 模型能够很准确的预报出王家坝站逐日水位,模拟的确定系数接近 1.0,模拟的水文过程线基本与实测完全一致,能够较为完美的预报降水径流过程,从而为分析致灾临界气象条件提供可靠工具。

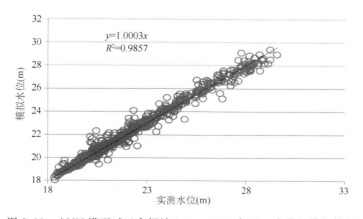

图 8.11　ANN 模型对王家坝站 2005—2009 年逐日水位的模拟结果

8.4.2.4　致灾临界气象条件

由于流域暴雨灾害发生是气象、地形地貌、下垫面类型、工程设施等多个要素共同作用的结果,因此,流域暴雨洪涝灾害的致灾临界气象条件不是一个静态的值,而是与前期水文特征、水利设施、下垫面等条件密切相关的动态条件,如图 8.12 所示,中小河流的致灾临界雨量常常是与前期水位有关的动态值。而在具有了适用于研究区域的降水径流模型后,就可以根据典型的灾害案例和防洪设施标准来推演出该区域的致灾临界气象条件(图 8.12)。前文所述的三种模型在王家坝站均有较好的适用性,因而均可作为致灾临界气象条件的表征工具。与此同时,三种模型也各有优缺点,可根据实际情况来取舍应用。其中新安江模型在淮河流域中已有相当成熟的应用,并且在淮河流域气象中心开展了业务化运行,利用次洪过程率定了相关的模型参数,能够取得较好的洪水预报效果,然而相对而言,新安江模型的预报效果不如其他两种方法,仍有待进一步改进。HBV 模型是一种半分布式模型,模型输入简单,有成熟的模型软件,可以实现参数的自动化率定,为模型的应用提供了便利,经过率定后的 HBV 模型对王家坝以上流域具备较好的适用性,但是目前所模拟的是逐日径流深,对次洪过程的模拟还欠缺一定的精细程度,在这方面仍有待加强。ANN 模型在三种方法中模拟效果最好,与实况最为接近,输入简单,建模便捷,但是目前所建立的 ANN 模型是基于水文系统的自相关性特征,模型的运行与效果依赖于水文数据的获取,这一点也需要在日后的工作中给予充分考虑。

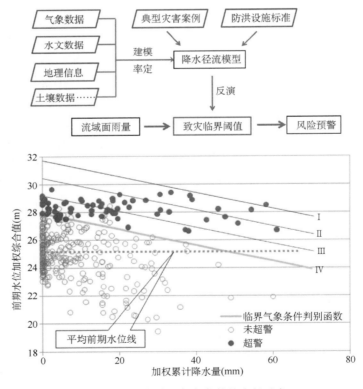

图 8.12　致灾临界气象条件的表征示意

8.4.3 洪水淹没模拟

洪涝灾害的危害与洪水的淹没范围和水深直接相关,因此,确定灾害范围和程度可通过模拟洪水演进及其水文特征来实现。20 世纪 90 年代以来,基于 GIS 空间分析技术,进行给定淹没高程下的洪水淹没分析已有不少研究(刘仁义等,2001;葛小平等,2002)。但是目前大多研究仍然以静态分析为主,尚不能快速提供不同破圩地点、不同入流量、不同时相的淹没状况和水深分布。由于水动力模型能够实现洪水演进的动态模拟,可以比较准确地反映淹没范围、淹没深度及其历时特征,因而成为当前研究的一个热点方向(Gemmer 等,2006)。而水动力学模型研究的重要问题是在充分考虑洪水演进物理机制的同时,如何高效快速地实现洪水演进的动态模拟,并且将模拟结果与社会经济等数据相匹配结合,以实现灾害影响的评估。当前,将水动力学模型与 GIS 技术相结合,为这一问题的解决提供了思路,本研究即采用这种方式开展洪水淹没的动态模拟,引入德国 Geomer 公司研制的基于 GIS 的水动力模型——FloodArea 模型(Geomer,2011)。

8.4.3.1 淹没模型简介

FloodArea 模型用于界定洪水淹没范围,可预警可能的洪水风险。FloodArea 模型设计在 ArcGIS 环境下运行,其运行利用了 GIS 矢量栅格一体化的空间分析功能,根据研究区数字地形、表示模拟起始位置的河网水位、表示洪水进入圩区起始位置的破圩点、由曼宁系数获取的糙率、表示模拟边界的堤防等数据,模拟溃口式、堤防漫顶式的淹没情况,准确地反映洪水演进过程。洪水以给定水位,给定流量或给定面雨量三种方式进入模型,并可根据水文过程线进行实时调整,可视化表达流向、流速和淹没水深等水文要素的时空物理场,为洪水淹没风险动态制图提供了有效工具。

FloodArea 原理是充分利用 GIS 栅格数据在水文-水动力学建模上的优势,实现 GIS 与水文-水动力学模型的数据融合。以栅格为基本单元,洪泛区的计算基于二维非恒定流水动力学模型,用 Manning-Strickler 公式计算每个栅格与周围的 8 个栅格之间的水量交换(图 8.13)。不同栅格单元之间的水量交换在虚拟 8 边形栅格(周长与原栅格相同)基础上进行,并且规定水流宽度为 1/2 栅格宽度。水流方向由每个栅格与邻近 8 个栅格之间的坡度决定。由于栅格中心点到对角单元中心点的距离大于横向或纵向相邻栅格的距离,对角栅格单元的算法被赋予了不同的长度。

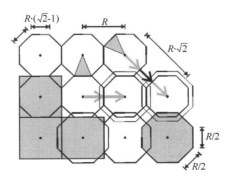

图 8.13 FloodArea 计算原理示意

8.4.3.2 模型参数化

暴雨洪涝风险识别的基础是洪水演进数值模拟,其模拟的精度直接决定了后续风险评估的效果。为了验证 FloodArea 模型在研究区的适用性,我们以 2007 年王家坝泄洪过程为案例研究了 FloodArea 模型的模拟效果。

FloodArea 模型对洪水演进的数值模拟需要基于 GIS 栅格数据进行。所有空间数据以 ArcGRID 格式输入模型,栅格分辨率 50 m×50 m。利用 FloodArea 在研究区内进行模拟所需要的输入参数具体如图 8.14 所示。

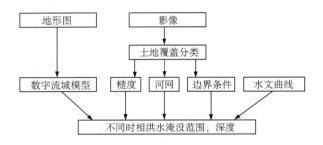

图 8.14 FloodArea 模型输入变量

利用所获取的研究区基础地理、水文等数据资料,基于 GIS 对模型的各输入变量进行参数化,具体包括:

(1)数字流域模型:采用 1∶50000 地形图高程点建立了研究区数字地面高程模型,并利用 ArcGIS 的水文分析模块进行填洼,获得数字流域模型(图 8.15)。

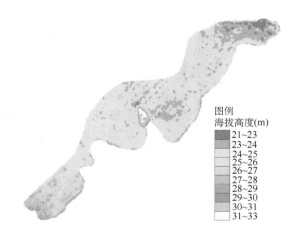

图 8.15 蒙洼数字地面高程

(2)阻水建筑物:其作用在于限定洪水演进模拟的边界条件。采用水利和工程数据以及遥感影像确定蒙洼蓄洪区外围堤坝(图 8.16)。

(3)洪水入口:在蒙洼蓄洪区中,有 1 个泄洪闸,即王家坝闸,根据该闸的经纬度信息进行数字化,并采用投影转换使之与其他输入数据相匹配。

(4)水文过程线:本研究选取 2007 年 7 月 10 日王家坝开闸泄洪过程来进行洪水淹没模

图 8.16 蒙洼蓄洪区外围堤坝

拟,水文过程线采用王家坝闸泄洪过程的观测流量数据(图 4.1),以此为基础来进行洪水演进模拟。

(5)地面糙度:不同的土地覆盖形态,会对洪水演进形成不同的阻率。为反映不同阻率对洪水演进形态的影响,需要在模型中加入地面糙度。为满足研究需要,以土地覆盖分类为基础,结合已有研究成果与 Manning-Strickler 公式确定地面糙率及其系数(表 8.2,图 8.17)。

表 8.2 土地利用类型及其糙率

土地覆盖分类	居民地	水体	旱地	水浇地	林地
Strilker 系数	14	40	17	20.0	15
Manning 糙率	0.07	0.03	0.06	0.05	0.07

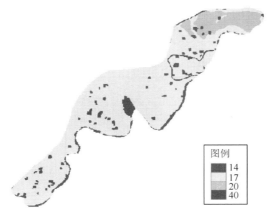

图 8.17 研究区地面糙率系数分布

8.4.3.3 洪水淹没模拟结果

2007 年 6 月 29 日开始,淮河、洪河上游普降大到暴雨、局部大暴雨,7 月 2 日 21 时,王家坝水位达设防水位 26.00 m;7 月 3 日 19 时 36 分,王家坝水位超警戒水位 27.50 m;此后直到 7 月 28 日 19 时 18 分才回落至警戒水位以下。历时 26 d,王家坝一直超警戒水位,经历四次洪峰,长时间在高水位运行,为有记录以来所罕见。7 月 6 日 5 时,淮河第一次洪峰到达王家坝,洪峰水位 28.38 m;7 月 10 日 12 时 28 分,王家坝淮河水位升至 29.48 m,超保证水位 0.18 m,按国家防总的命令,蒙洼蓄洪库 12 个年份第 15 次开闸蓄洪。开闸蓄洪时间共 45 h 24 分,蓄洪量 2.5 亿 m³。11 日 4 时至 7 时,淮河第二次洪峰通过王家坝,洪峰水位 29.59 m,为历史第二高洪水位,与 1954 年持平。17 日 13 时淮河第三次洪峰通过王家坝,洪峰水位 28.95 m。7 月 27 日淮河第四次洪峰通过,王家坝水位 28.04 m。

针对该次泄洪过程,本研究基于已有水文、地理、遥感等数据,利用 FloodArea 模拟了本次过程,并通过与实际观测相对比,来检验模型模拟效果。

本项研究以 1 h 为时间步长进行洪水演进动态模拟,根据实测的王家坝泄洪闸流量—时间水文过程线(图 4.1),模拟总时长为 50 h。模拟结果以 ArcGRID 数据格式输出,以 1 h 为时间间隔记录了洪水演进过程中流速和淹没深度的时空物理场,淹没深度的模拟精度控制在 1 cm,不同时相的洪水演进过程如图 8.18 所示。可以看出在模拟结束时,洪水淹没范围已基本覆盖整个蓄洪区(图 8.19)。

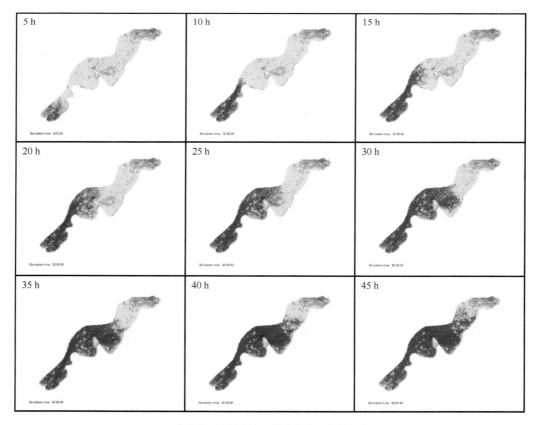

图 8.18 不同时相洪水演进模拟结果

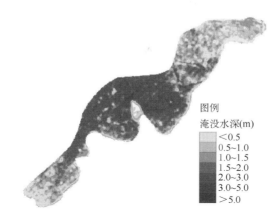

图 8.19 泄洪 50 h 后洪水淹没范围和水深分布模拟结果

　　为了验证模型模拟效果,本专题采用蒙洼蓄洪区内的曹集水文站同期水位观测结果,来与模拟结果进行比对分析。

　　通过与曹集站实测水深动态变化的对比分析,可以看出模型能够较好地反映洪水演进的动态过程(图 8.20),表现了较强的动态模拟能力,能够为风险评估工作提供有效的工具基础和支撑。

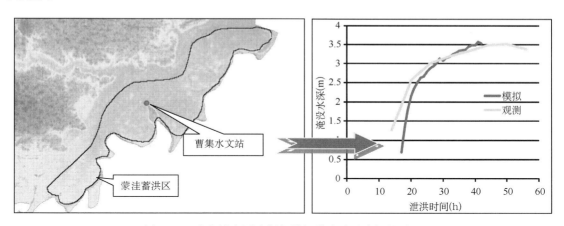

图 8.20 曹集站实测水深与模拟洪水淹没水深的对比

8.4.4 承灾体影响分析

　　承灾体是灾害风险的承载体,是风险评估的最终对象。因而有必要建立评价区域内精细化的承灾体数据库,同时需要评估承灾体的灾损敏感性,建立灾损与灾害强度的定量关系,为实现灾害风险的科学评估提供基础。

　　通过开展现场调研,以及与水利、农业、统计等部门的通力合作,收集了试点区居民点、农田、交通线、土地资源等承灾体数据,建立了承灾体数据库(图 8.21),并且基于 GIS 技术将各类型资料与空间数据相融合,与淹没模拟结果进行空间匹配,为风险评估的开展提供了数据保障。

图 8.21　试点区不同承灾体的空间分布

　　基于不同时相洪水演进模拟结果,可以与土地利用现状图分别进行叠加运算,识别不同时相各种土地利用类型的淹没风险,建立洪水淹没风险动态数据库。根据 8.4.3.3 小节中所模拟的洪水淹没分布结果,结合承灾体数据,可以动态识别出洪涝灾害风险。限于目前掌握资料的程度,本专题仅评估受洪涝灾害影响的承灾体数量,即承灾体的物理暴露量(表8.3)。对于价值量的评估,由于缺少灾损率的调查结果,仍然有待进一步研究。

表 8.3　2007 年蒙洼蓄洪案例中承灾体受影响估计

(模拟泄洪 50 h 情况)

淹没深度(m)	受影响土地面积(hm²)		
	居民地	水田	旱地
＜0.5	410	269	1070
0.5～1.0	204	460	1568
1.0～2.0	187	338	4834
2.0～3.0	32	13	5197
3.0～4.0	0	0	556
＞4.0	0	0	16

8.4.5 风险评估流程构建

在关键技术研发的基础上,进一步提炼总结形成风险评估技术流程(图 8.22),主要包括:(1)基础数据处理:获取面雨量估测或者预报资料,并处理成预设的数据格式,同时对承灾体数据、水利数据等进行更新;(2)致灾条件判断:根据面雨量或者水文预报结果,判断是否达到致灾临界气象条件;(3)淹没风险模拟:在达到致灾临界条件之后,将雨量或者水文预报结果结合地理信息数据(以 DEM 为主)作为输入,采用洪水淹没模型 FloodArea 进行淹没风险模拟,计算得到灾害影响范围及分布;(4)承灾体叠置分析:将承灾体数据与淹没模拟结果进行空间叠置分析,开展承灾体物理暴露的风险识别;(5)风险分析:结合以上关键技术和步骤,实时输出灾害风险范围和分布图以及灾损风险定量估计等业务产品。

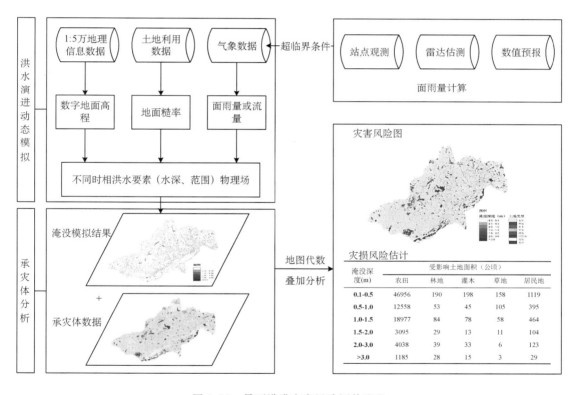

图 8.22 暴雨洪涝灾害风险评估流程

8.4.6 业务应用

为进一步建立适用于实时气象防灾减灾的灾害风险评估业务,安徽省气候中心根据前期工作成果,针对 2011 年汛期明光、来安、巢湖等地的多次暴雨过程开展了业务试用,采用气象、地理信息和承灾体等数据,按照风险评估技术流程得到了相关业务产品。在进行业务试用之后,及时组织开展了试用效果检验,收集调查了实际灾情,并进行了对比分析。例如 2011 年 6 月 23 日傍晚至 24 日上午 10 时,安徽明光市连降暴雨,雨量达 200 mm。试点工作组利用前期工作成果,将过程面雨量和地理信息数据(地面高程,土地利用类型,地面糙率等)输入到洪水淹没模型中,计算得到暴雨洪涝淹没风险分布,再将淹没深度与土地利用类型进行叠加分析,获取灾损风险评估结果。结果表明:明光部分乡镇出现积水,积水深度多在0.5 m以下,局地低洼处最大淹没深度超过2 m。灾情也显示,明光市内涝严重,多处路段特别是低洼处水深约2 m,有新闻报道24日上午10时明光市明横路铁路立交桥下淹没深度约2 m,新闻图片显示一辆机动车抛锚,在水中只露一点车顶。明光通往横山道路中断。这些灾情实况与模拟的结果较吻合(图8.23),风险评估取得较好效果。

相关业务试用成果已发布在"安徽省重要气候公报"([2011]第16期)和"安徽省月度气候影响评价"([2011]第8期),参加一次全国会商,中国气象报6月29日以"科学评估佑安澜"为题对安徽省的暴雨洪涝风险评估工作及业务试用情况进行了专题报道。

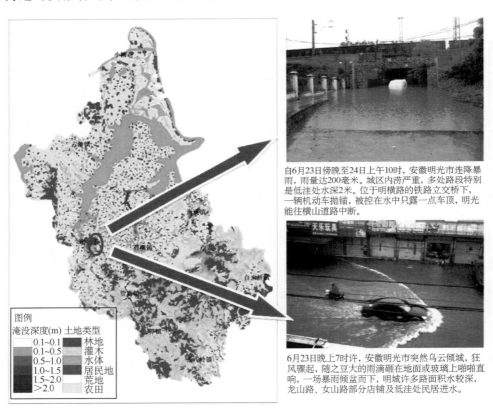

自6月23日傍晚至24日上午10时,安徽明光市连降暴雨,雨量达200毫米。城区内涝严重,多处路段特别是低洼处水深2米。位于明横路的铁路立交桥下,一辆机动车抛锚,被控在水中只露一点车顶,明光能往横山道路中断。

6月23日晚上7时许,安徽明光市突然乌云倾城,狂风骤起,随之豆大的雨滴砸在地面或玻璃上啪啪直响,一场暴雨倾盆而下,明城许多路面积水较深,龙山路、女山路部分店铺及低洼处居民进水。

图8.23　明光市暴雨洪涝灾害风险评估结果及与实际灾情的对比

8.5　小结

不同于以往静态的风险分析,本研究从暴雨洪涝灾害的致灾机理和过程出发,着眼于灾害发生发展及其影响的一系列环节,利用多学科交叉知识和手段,攻克了灾害风险评估所涉及的各个关键技术,建立了流域暴雨洪涝灾害风险实时动态评估的方法流程,有助于提升气象防灾减灾能力,为保障社会经济的可持续发展提供了支撑。

　　暴雨洪涝灾害风险评估是一项跨学科、跨领域、跨部门的开拓性工作,可供借鉴的经验少,相关工作基础薄弱,并且限于时间和资料等方面因素,目前的工作在很多方面还有待进一步的深入,例如承灾体影响评估还比较粗略,仍停留在数量上的评估,缺乏对敏感性和经济价值量的进一步识别和分析。与此同时风险评估方法体系的系统性和协调度仍有一定欠缺,不利于高效开展业务化运行,需要进一步提炼总结,形成更为系统的、集成度更高的风险评估业务流程和系统平台,从而实现暴雨洪涝灾害的早期预警、风险识别及定量分析等,以提升气象服务实效,为有效规避灾害风险,最大限度地减少人民生命财产损失提供更加有力的气象保障服务。

参考文献

李向阳,程春田,林剑艺. 2006. 基于 BP 神经网络的贝叶斯概率水文预报模型. 水利学报,**37**(3):354-359.

李致家,刘金涛,葛文忠. 2004. 雷达估测降水与水文模型的耦合在洪水预报中的应用. 河海大学学报:自然科学版,**32**(6):601-606.

刘晓阳,毛节泰. 2002. 雷达估测降水模拟史灌河流域径流. 北京大学学报,**38**(3):342-349.

秦大河. 2007. 影响我国的主要气象灾害及其发展态势. 自然灾害学报,**16**(12):46-48.

桑燕芳,王栋,吴吉春. 2009. 基于 WA、ANN 和水文频率分析法相结合的中长期水文预报模型的研究. 水文,**29**(3):10-15.

苏桂武,高庆华. 2003. 自然灾害风险的行为主体特性与时间尺度问题. 自然灾害学报,**12**(1):9-16.

徐晶,姚学祥. 2007. 流域面雨量估算技术综述. 气象,**33**(7):16-21.

张建云. 2010. 中国水文预报技术发展的回顾与思考. 水科学进展,**21**(4):435-443.

章国材. 2010. 气象灾害风险评估与区划方法. 北京:气象出版社.

赵人俊. 1984. 流域水文模拟:新安江模型与陕北模型. 北京:水利电力出版社.

Bergstrom S. 1976. Development and application of a conceptual runoff model for Scandinavian catchment. SMHI RHO 7, Norrkoping, 134.

Bergstrom S. 1995. The HBV model. In: Singh V ed. *Computer model of watershed Hydrology*. Water Resource Pub, 443-476.

Gemmer M, 王国杰, 姜彤. 2006. 洪湖分蓄洪区洪水淹没风险动态识别与可能损失评估. 湖泊科学,**18**(5):464-469.

Geomer. 2011. FloodArea and FloodArea HPC: ArcGIS—extension for calculating flooded areas (User manual Version 10. 0), Heidelberg.

Joss J, Waldvogel A. 1990. Precipitation measurement and hydrology. In: *Radar in Meteology*, D. Atlas (Eds.), AMS.

Milly P C D, Dunne K A, Vecchia A V. 2005. Globla pattern of trends in streamflow and water availability in a changing climate. *Nature*,**438**:347-350.

Nicholls R J, Hoozemansb F M J, Marchandb M. 1999. Increasing flood risk and wetland losses due to global sea-level rise: regional and global analyses. *Global Environmental Change*,**9**(S1):69-87.

Pardo—Iguzqiza E. 1998. Comparison of geostatistical methods for estimating the areal average climatological rainfall mean using data on precipitation and topography. *Journal of Climatology*. **18**:1031-1047.

Ren L L, Li C H, Wang M R. 2003. Application of radar-measured rain data in hydrological process modeling during intensified observation period of HUBEX. *Advances in Atmospheric Sciences*,**20**(2):205-212.

Seibert J. 1998. HBV light version 1. 3, User's manual, Uppsala University, Dept of Earth Science, Hydrology, Uppsala.

WMO. 2006. Preventing and mitigating natural disasters: Working together for a safer world. WMO-No. 993.

9 湖北省流域暴雨洪涝灾害风险评估方法

李 兰 周月华 史瑞琴 刘旭东 刘 宁 叶丽梅 彭 涛

（武汉区域气候中心）

9.1 总体思路

湖北省地处我国南北气候过渡带，地形地貌复杂，三面环山；中部江汉平原易发生洪涝，鄂西南山区易出现山洪、滑坡、泥石流等地质灾害。由暴雨引发的洪涝、山洪灾害常有发生。

2008 年"气象灾害影响评估技术研究"科技创新团队成立，之后积极开展了低温冰冻、暴雨洪涝、干旱、高温等气象灾害影响评估技术与方法研究，分灾种、分行业建立了气象灾害评估模式和系统，大大提高了气象灾害评估及预估水平，提升了气象部门服务能力，同时也为各地政府及各行业防灾减灾提供了科学依据。

2010 年 7 月梅雨期间，湖北省出现了近 20 年来持续时间最长的强降水过程。19—20 日，丹江口水库入库峰值 2.75 万 m^3/s；25—30 日，长江、汉江同步出现第二次大洪峰，丹江口水库入库峰值 3.41 万 m^3/s，为 1983 年来最大，丹江口水库调泄后，沙洋以下河段全线超警戒。29日，两江洪峰在汉口遭遇，汉口站水位在 2002 年以后首超警戒。夏季两江大洪水夹击，历史少见。

按照"2011 年现代气候业务建设试点气象灾害风险评估"工作的要求，武汉区域气候中心在建立"暴雨洪涝灾害风险评估业务系统"的基础上，研制了基于 GIS 的暴雨洪涝淹没模型，并在实际业务中开展了实验与应用。

9.1.1 总体思路

对拟选河流临界致灾雨量进行确定（章国材，2010），建立其基础水位—面雨量—灾情三要素间关系；建立拟选河流的水位、雨量、灾情历史序列；研究其基础水位—面雨量—灾情三要素间关系；确定不同基础水位条件下的临界面雨量，并通过模型进行检验。收集试点地区人口、房屋建筑物、交通线、土地资源、主要产业、经济数量和价值量等承灾体数据，建立数据库；开展气象灾害现场调查业务，重点开展致灾原因调查和灾害分行业影响调查。基于拟选河流致灾因子、孕灾环境、承灾体和防灾抗灾能力四要素，对暴雨洪涝灾害风险评估技术进行研究（图9.1）。

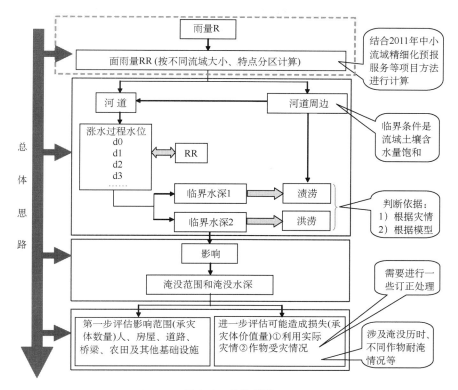

图 9.1　总体思路

9.1.2　面雨量计算方法

在收集到水文站雨量数据的前提下,使用简单算术平均法或泰森多边形法求取流域面雨量,否则利用气象站雨量数据采用反距离权重插值法或雷达估算雨量法求取流域面雨量。

(1)水文站雨量数据

1)简单算术平均法

算术平均法适合运用在各子单元面积相对较小、地形起伏不大、雨量资料稳定的情况下。过程面雨量为评估流域内各单站雨量的平均值,反映流域降雨量的大小,计算公式如下:

$$\overline{R} = \frac{1}{m} \sum_{i=1}^{m} \sum_{j=1}^{n} R_{ij} \tag{9.1}$$

式(9.1)中,$\overline{R}$ 为流域过程面雨量;R_{ij} 为第 i 站第 j 日的降雨量;n 为暴雨过程持续日数;m 为流域内台站总数。

2)泰森多边形法

泰森多边形法会因流域的站点分布不均匀,导致生成的泰森多边形大小不一,各个站的权重相差有时过大,因此不适合山区或其他地形差异较大区域,但此法考虑了各雨量站所代表的面积不同,计算方法更加合理。泰森多边形法又叫做垂直平分法或加权平均法,它是由荷兰气象学家泰森提出的一种计算平均降水量的方法。计算式如下:

$$\overline{P} = f_1 P_1 + f_2 P_2 + \cdots + f_n P_n \tag{9.2}$$

式(9.2)中，$f_1,f_2,\cdots,f_n$ 分别为各雨量站的权重系数；$P_1,P_2,\cdots,P_n$、$\overline{P}$ 分别为各测站同时期降雨量和流域平均降雨量。

雨量站权重系数的算法是将流域内各相邻雨量站连接成三角形，作这些三角形各边的垂直平分线，于是每个雨量站周围的若干垂直平分线便围成一个多边形，每个多边形内都有且仅有一个雨量站。

设每个雨量站都以其所在的多边形为控制面积 ΔA，ΔA 与全流域的面积 A 之比即为该雨量站的权重系数：

$$f = \frac{\Delta A}{A} \tag{9.3}$$

（2）气象站点雨量数据

利用反距离权重插值法，将流域范围内所有气象站（包括国家常规站和区域自动站）雨量数据插值到所使用的 DEM 数据同样分辨率的各格点上。

插值方法：反距离权重插值法（IDW）

IDW（Inverse Distance Weighted）是一种常用而简便的空间插值方法，它以插值点与样本点间的距离为权重进行加权平均，离插值点越近的样本点赋予的权重越大。设平面上分布一系列离散点，已知其坐标和值为 $X_i \, Y_i \, Z_i (i = 1,2,\cdots,n)$，根据周围离散点的值，通过距离加权值求 Z 点值，则

$$Z_0 = \left[\sum_{i=1}^{n} \frac{z_i}{d_i^k} \right] \Big/ \left[\sum_{i=1}^{n} \frac{1}{d_i^k} \right] \tag{9.4}$$

式(9.4)中，Z_0 为点 0 的估计值；z_i 为控制点 i 的值；d_i 为控制点 i 与点 0 间的距离；n 为在估计中用到的控制点的数目；k 为指定的幂。

（3）雷达估算面雨量

Z-R 关系法：由雷达反射率因子 Z 和降水强度 R 的定义可知，它们都与滴谱分布有很大关系。雷达气象中常用 M-P 滴谱分布，在一定的假设条件下，导出理论 Z-R 关系。

9.1.3　临界雨量的确定方法

（1）历史资料法

采用流域水文站点的水位及雨量的历史日资料序列，利用数学统计模型，建立合理的流域水文站点雨—洪关系。从而确定不同水位下的临界雨量。

（2）水文动力模型

当气象、水文、水利、地理信息等各种数据资料比较完备的情况下，可以采用水文模型模拟的方法，建立适用于研究区域的面雨量与河流实时水文特征（流量、水位等）的定量关系，来实时模拟降水致洪过程。之后基于若干典型灾害案例（洪灾出现时流量或者水位）或防洪设施标准（警戒、保证、汛限水位等），采用上述模型进行反演分析，最终确定不同风险等级的致灾临界面雨量阈值。

9.1.4　暴雨洪涝淹没水深、淹没面积估算方法

通过遥感法、暴雨洪涝淹没模型得到流域的淹没水深空间分布，基于 GIS 计算淹没面积。

淹没面积＝有淹没水深的像元格点数×格点分辨率　　　　　　　　　(9.5)

此外,利用GPS实地测量灾害点淹没水深、淹没面积也是一种不可或缺的手段。

9.1.5　暴雨洪涝淹没模型原理、方法

利用GIS栅格分析技术,以有源淹没为思路,在DEM的基础上,运用水动力学原理,建立洪水演进模型。下面将从水动力学原理、D8原理等方面来详细介绍本模型的建模原理。

（1）建模思路

水动力学洪水演进模型的总体思路是:根据时间步长T来决定总的洪水淹没所要模拟的时间长度,根据输入的栅格数据表示的水量(或者是由文件和栅格共同计算的结果),按照每个最小的时间间隔Δt,利用曼宁公式以栅格为单位,进行水量体积、方向、以及水深的计算,每当Δt的总和达到时间步长T后,生成一幅结果影像。

（2）水动力学原理

1）水动力学基础

为了建立模型,首先需要介绍几个常用定义,如图9.2流体力学中常用物理量图所示。[2]

水深(y）:水面到水底的垂直距离。

面积(A）:水流方向上的断面面积。

水底周长(P）:水底表面长度。

水力半径(R）:面积和水底周长的比值A/P。

水面宽度(B）:水表面宽度。

断面水流量(Q）:单位时间水流体积。

水力平均深度(D）:面积和水面宽度的比值A/B。

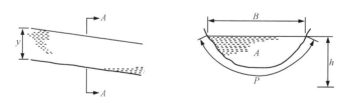

图9.2　流体力学中常用物理量

基于上面的定义,可得几种常见规则明渠的几何属性,如图9.3所示:

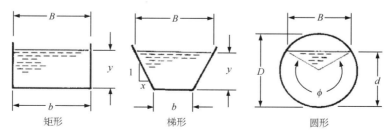

矩形　　　　　　　梯形　　　　　　　圆形

图9.3　常见的几种规则明渠的几何属性

面积(A)	by	$(b+xy)y$	$\dfrac{1}{8}(\phi-\sin\phi)D^2$
水底周长(P)	$b+2y$	$b+2y\sqrt{1+x^2}$	$\dfrac{1}{2}\phi D$
水力平均深度(D)	y	$\dfrac{(b+xy)y}{b+2xy}$	$\dfrac{1}{8}\left(\dfrac{\phi-\sin\phi}{\sin(1/2\phi)}\right)D$

2）水动力学运动方程

水动力学运动方程，如图 9.4 水力学运动受力图所示。

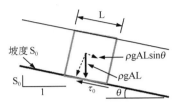

图 9.4　水力学运动受力图

当水动力学运动受力平衡时：在斜坡方向沿程阻力和重力斜坡分量平衡，即有：

$$F=G$$
$$\tau_0 S_0 = \rho g h S \qquad\qquad \tau_0 \text{为切应力}$$
$$\tau_0 PL = \rho g AL\sin\theta$$
$$\tau_0 = \rho g A\sin\theta/P$$
$$\tau_0 = \rho g R\sin\theta$$
$$\tau_0 = \rho g R S_0$$

当 θ 非常小时有

$$\sin\theta \approx \tan\theta = S_0$$

由沿程阻力系数的定义有：$f=\dfrac{\tau_0}{\rho V^2/8}$，则有：

$$(f/8)\rho V^2 = \tau_0 = \rho g R S_0$$
$$V=\sqrt{\dfrac{8g}{f}}\sqrt{RS_0}$$

即为 Darcy-Weisbach 公式

　　或者

$$V=C\sqrt{RS_0}$$

即为 Chezy 公式

　　计算谢才系数 C 的经验公式，当 $C=\dfrac{1}{n}R^{1/6}$ 时有平均速度和流量的计算公式，即为 Manning-Strickler 公式（曼宁公式），如公式（9.6）和式（9.7）所示：

$$V=\dfrac{1}{n}R^{2/3}S_0^{1/2} \tag{9.6}$$

$$Q=A\dfrac{1}{n}R^{2/3}S_0^{1/2} \tag{9.7}$$

其中，n 为 Manning 系数，或称粗糙系数（糙率），利用 Manning 系数表可查到不同地表的粗糙

系数 n。可见利用曼宁公式,可以计算水流速度和水流流量,其中 n 为曼宁粗糙系数,R 为水力半径,S_0 为水流方向上的坡度,A 为水流方向上的断面面积。

（3）D8 算法原理

模型运用 D8 算法原理是对传统水文模型 D8 算法（刘修国等,2004）的改进,运用 D8 的目的是用来计算确定水流方向的。传统的 D8 算法只考虑地形高程值对水量的分配,而本模型运用的 D8 算法除地形高程值外,还需考虑相应的水量值。以 3×3 的栅格为例,介绍 D8 算法原理。

1）坡降计算

坡降就是中心栅格与周围八个栅格的高程差与距离比值。坡降 Slope 的计算可以按照中心栅格的 z 值和周围栅格的 z 值进行差值计算产生 Δz_i,用 Δz_i 除以两个栅格之间的距离 d。

$$Slope = \Delta z/d$$

两个栅格之间的距离 d 的计算是不同的,分别对应于 X 轴方向的距离,Y 轴方向的距离和对角线方向的距离,逐个计算。

2）水流方向计算

水流方向为单流向模型,即一个栅格的水量最多流向一个栅格。水流的方向就是上述计算的坡降取最大值。如下面公式所示。

$$Direction = max(Slope)$$

如果 $max(Slope_i) < 0$,则赋以 -1 以表明此格网水流不向任何一个栅格流;

如果 $max(Slope_i) >= 0$,且最大值只有一个,则将对应此方向值作为中心格网处的方向值;

如果 $max(Slope_i) = 0$,且有一个以上的 0 值,则以这些 0 值所对应的方向值相加。在极端情况下,如果 8 个邻域高程值都与中心格网高程值相同,则中心格网方向值赋以 -1,也就是说不让水流;

如果 $max(Slope_i) > 0$,且一个以上的最大值,则按照顺时针编码去顶水流方向。具体流向编码如下图 9.5 所示:

0	1	2
7	K	3
6	5	4

图 9.5 水流编码

需要注意一点:如果当前栅格的水量值为 0 的话,那么水流方向则不存在。因为水流方向是根据在有水量的情况下才能确定的。

下面将通过图 9.6 对水流方向的各种情况进行举例说明。其中,图左侧的是 DEM 矩阵,右侧是相对应的水量矩阵,令 cellsize=10 m;

经过运算,按照 cellsize 的预定值 10 m,逐个计算水流方向和最大坡度。下面对运算的结果进行分析:

第一行:经过 DEM 和对应水量的累加,位于左下方的栅格落差最大,即高程 83,水深为 0 的栅格,Slope=$18/10 \times \sqrt{2}$=1.27,aspect=6;

79	90	90
92	100	85
83	76	83

10	2	3
3	1	5
0	20	6

79	90	90
92	100	85
83	76	83

30	20	15
10	1	19
25	30	20

79	90	90
92	100	85
83	76	83

30	20	15
10	1	16
3	30	3

79	90	90
92	100	85
83	76	83

22	11	11
9	1	16
18	25	18

90	90	90
92	80	85
83	76	83

22	8	2
9	30	16
18	25	18

90	90	90
92	80	85
83	76	83

4	8	2
9	0	6
8	3	6

图 9.6　DEM 和水流量矩阵

第二行:周围八个栅格的累积和都大于中心栅格的累加,所以,该栅格的不存在水流,也就是说,Slope=−1,aspect =−1;

第三行:DEM 和水量的累加和位于左下角和右下角的差值相等,最大的落差 $\Delta z=15$,slope=1.06,水流方向计算根据顺时针的特性,aspect=4;

第四行,经过计算,周围八个栅格的累加和中心栅格的累加和相同,所以,slpoe=0;aspect=−1;

第五行:该运算结果的最大落差位于左上栅格,slope＝1.27,aspect＝2;改行的 DEM 表示,即使中心的 DEM 高程较低,但是仍然存在流水的可能。

第六行:等中心栅格的水量为 0,可不必计算 slope 和 aspect。

(4)曼宁公式因子计算

水流速度为栅格水流截面的洪水单位时间所流距离的标量。计算该量运用曼宁公式计算。即:

$$V = k_{st} \times r_{hy}^{2/3} \times \sqrt{I}$$

其中 k_{st} 为曼宁系数,使用曼宁系数表可查到不同地表的粗糙系数。r_{hy} 为水力半径,I 为坡降,对于栅格地形而言,水力半径 r_{hy} 即为网格单元水深,坡度 I 即为上述计算的网格单元水位最大坡降。

上式计算的水流速度 V,当水动力学运动受力平衡时得到的,同时还满足能量守恒定律。因此它仅对于一般泄流是有效的,即摩擦力损失的能量等于内能增加,而对于其它情况,计算得到的速度值可能很大,为了控制这种情况,速度值被速度阀值限制。速度阀值(Gemmer,2004)如下:

$$\text{threshold } V = \sqrt{g \cdot h}$$

在计算出来截面水流速度后,可根据单位时间 Δt 和水流截面面积和速度 V 的乘积,计算出来流向下一个栅格的水量,而当前栅格的水量也要相应的减掉这部分。

9.1.6 暴雨洪涝淹没模型工作流程

(1)三种淹没模型的流程

1)溃口式洪水演进模型计算流程

基于水动力学的溃口型有源淹没是通过溃口流量曲线得到当前流量,再利用曼宁公式求解当前水位,根据当前水位通过曼宁公式计算其 8 邻域方向的水位和流量,这样迭代计算求解流量交换,水位变更,进而计算当前水流速度,再通过平均速度得到水流时间,进而得到溃流后某时间的淹没情况,具体计算过程如图 9.7 所示。

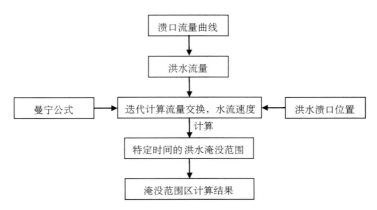

图 9.7　溃口式洪水演进计算过程

2)河网漫顶式洪水演进模型计算流程

河网漫顶洪水淹没的首先需要有河网数据的支持,通过河网高出地面的水位值来确定模型当中需要的一直持续不变的水源。换而言之,在计算整个河网漫顶的洪水演进过程中,初始的河网水位就是整个模型中的水位,是模型的水源地。通过水位高出周围的地形高程,逐步地由河网向外漫出,迭代计算流量交换和水流速度,去获取特定时间的洪水淹没范围。具体计算过程如图9.8。

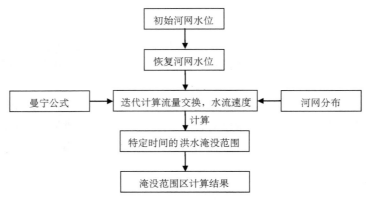

图 9.8 河网漫顶洪水演进计算过程

3)降雨洪水演进模型计算流程

降雨式洪水淹没是对一个区域来研究洪水的演进过程,通过获取面雨量数据,获得每秒钟每个栅格所增加的水量,然后,通过曼宁公式去计算流向其他栅格的水量信息。依次的迭代,去计算时间 T 后,地面形成的积水信息,通过阈值的设定来分析最终的淹没范围。具体计算过程如图9.9。

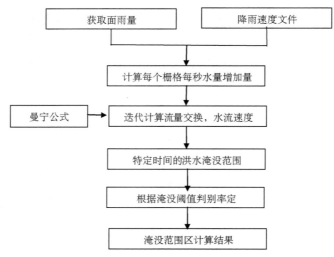

图 9.9 降雨式洪水演进计算过程

(2)数据源获取方式类型,研究区域选取

1)溃口式洪水演进模型数据源选取

① 包含溃口的栅格地形数据,根据地形复杂度,可以选择不同比例尺的地形;

② 溃点空间数据,标定洪水源头的方位;

③ 溃口流量,通常溃口没有恒定的流量,根据溃口的参数利用水文知识可计算溃口随时间变化的流量文件,单位 m³/s;

④ 时间步长:确定模拟洪水淹没的时间。

在对溃口式洪水演进模型研究区域的选择上,由于其洪水量较大,尽可能地选取较大的地形数据,若可以提取该区域的流域地形数据,则只需研究分析流域内的洪水演进状况。

2)河网漫顶洪水演进模型数据源选取

① 包含河网的栅格地形数据,根据地形复杂度,可以选择不同比例尺的地形。

② 河网影像:确定洪水淹没水源地,分辨率大小须和 DEM 保持一致,影像栅格值为河网的水位。

③ 河网矢量数据:该项功能和河网影像的作用相同,但是比河网影像获取要方便,准确性不及河网影像。可以再从②和③当中任选其一来分析。

④ 时间步长:确定洪水淹没的时间,程序结束的终结点。

⑤ 河网附加值:可以满足只有河网影像的影像值恒定不变对洪水淹没的灵活性造成的局限。

河网漫顶的研究区域可选择包含河网的流域地形数据,也可选择包含河网的略大的地形数据。

3)降雨式洪水演进模型数据源选取

① 栅格地形数据,根据地形复杂度,可以选择不同比例尺的地形。

② 面雨量影像:降雨面积以栅格数据的形式进入模型,其中有效值区域标识降雨区域,其值大小标识一个权值的大小,用权值的大小乘以降雨速度就是该栅格的降雨速度。无效值或者影像值为 0 的区域可以看做为没有降雨区域。

③ 降雨速度:由于降雨速度随时间会变化,所以需要有一个速度随时间变化的数据文件,从而保证降雨模型构建的精确性。

④ 矢量型降雨区域:配合降雨速度,用矢量的权值和降雨速度的乘积来确定每个栅格的每秒水量的增加量。可选③和④或者②来作为分析的数据源。

降雨研究地形选择较为灵活,不过根据一般的降雨数据源,按照行政区域来作为研究区域较多。当然,较为准确的建模,还是建议采用流域作为研究区域。

上述数据是建模的必须数据,土地分类影像由于影响曼宁系数,因此,为了更准确地建模,还需土地分类影像。

9.2 咸宁淦河流域洪水溃坝模拟

9.2.1 过程概述

2010 年 7 月 5 日开始,咸宁市连降大暴雨,7 月 5 日平均降雨达 50 mm 以上,地表基本饱和;8—14 日,咸安区连降大暴雨,淦河流域 7 天降雨量平均达 477 mm;14 日 15—20 时,降雨量达 155 mm(图 9.10)。

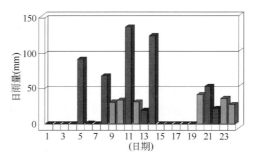

图 9.10　咸宁站 2010 年 7 月 1—24 日雨量分布

2010 年 7 月 14 日下午,受强降雨影响,咸宁市南川水库下游至马桥镇高赛水电站之间部分地区出现内涝,超警戒水位的南川水库堤坝出现险情,严重威胁到整个咸宁市城区的安全。咸安区防汛指挥部决定对高赛水电站(温泉城区上游,29°46′29.37″N,114°21′15.34″E)的拦水坝实施炸坝泄洪。

7 月 14 日下午 3 时开始,随着拦水坝被炸,洪流倾泻而下;下午 5 时至晚上 11 时左右,洪水从上游马桥镇任窝村一直淹至下游向阳湖镇铁铺村、熊家湾村;15 日凌晨,在保证南川水库大坝安全的前提下,增大泄洪流量,凌晨 2 时 30 分左右,下游官埠桥镇三个村庄被淹(上、中、下游划分依据为:高赛水电站以上为上游;高赛水电站到 107 国道为中游;107 国道以下为下

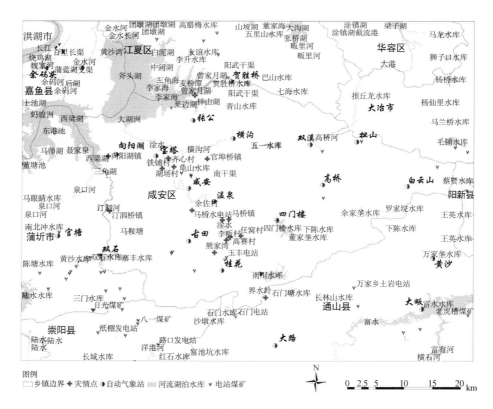

图 9.11　淦河流域自动站及暴雨洪涝灾情点分布图

游）。

至 15 日，全区受灾乡镇 14 个，受灾人口 23.78 万人，直接经济损失达 11.8432 亿元。其中农作物及经济作物受灾面积 594714 亩；全区共倒塌房屋 581 户 1286 间，损坏房屋 915 户 1164 间；乡村公路和供电通信线路也受损严重，仅汀泗桥镇的乡村公路因公路塌方中断 4 处，被淹中断 60 多处，全镇 11 条供电线路就有 6 条停电；全区共损坏中小水库 13 座，损坏堤防 32 处，长度 13.5 km，滨湖围垸、淦河高塞河堤、齐新围垸 3 处堤防决口；损坏护岸工程 65 处，水闸 38 座，水电站 1 座，仅南川干渠就有 8 处决口。

9.2.2　洪水演进过程模拟

气候中心利用暴雨洪涝灾害评估业务平台，对本次过程进行了模拟。

9.2.2.1　流域面雨量计算

利用 GIS 提取淦河流域边界并确定区域内自动气象站点，利用算术平均法求取淦河流域 7 月 1—15 日逐时面雨量(图 9.12)。

图 9.12　淦河流域及自动站点

9.2.2.2　雨—洪关系

根据淦河流域的气候特点，在此选择新安江模型对雨—洪关系进行模拟试验，新安江模型是河海大学水文系赵人俊教授 1973 年对新安江水库作入库流量预报时提出来的，是一个概念性流域降雨径流模型。多年来在我国湿润地区和半湿润地区多有应用，并于 20 世纪 80 年代中期发展成为三水源新安江模型。该模型应用了蓄满产流与马斯京根汇流概念，有分单元、分水源、分汇流阶段的特点，结构简单，参数较少，各参数具有明确的物理意义，计算精度较高。模型通过把全流域分成多个单元流域，在每一个单元流域内，降水经过蒸散发的消耗后，以蓄满产流的方式经产流量水源划分后对各单元流域进行产汇流计算，得出单元流域的出口流量过程；再进行出口以下的河道洪水演算，把各个单元流域的出流过程相加，就求得了流域的总出流过程。

模拟过程中，首先结合淦河流域地理信息，利用 GIS 对其进行分区处理；然后利用历史的水文气象资料,进行初步洪水预报计算,并将计算结果与实际水文站监测结果进行对比分析,采取人工干预结合优化的方法对水文参数进行修正,直到计算结果与实际监测结果相近,最后确定水文模型参数,将 2010 年 7 月 1 日 0 时至 2010 年 7 月 16 日 23 时共计 384 h 内的逐小时降水信息转化成水文模型所需的输入格式,然后输入水文模型进行模拟计算,得到溃口点流量（Q）随时间的变化曲线（图 9.13）。

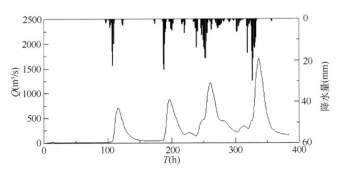

图 9.13　溃口点流量随时间的变化曲线

9.2.2.3　过程模拟

利用新安江模型得到的溃口的流量速度文件,利用暴雨洪涝评估模型之溃口模型,对 2010 年 7 月 4—14 日咸宁市淦河流域暴雨洪涝淹没情况进行了模拟。

结果表明:开始时段模型对洪水淹没的模拟效果较好,但从 14 晚 11 时左右开始,模型模拟结果与实际淹没情况差异变大。跟踪研究发现,向阳湖镇铁铺村和熊家湾村被淹没,下游官埠桥镇齐心垸、湖心村、湖场村等 3 个村庄被淹没,而模型模拟结果并没有表明这些时段内这些地区受洪水围困,原因是这些地区的过早受灾是受另一地方围堰溃口造成的(受南川水库泄洪和连日暴雨影响,官埠桥镇度泉村滨湖圩垸段出现长约 30 m、宽 6 m、深 3 m 的溃口)(图 9.14)。

9.3　漳河流域溃坝过程模拟

漳河发源于湖北省南漳县境内荆山南麓的三景庄,流经保康、远安、荆门、当阳等县(市),于当阳市两河口与西支沮河汇流,全长 202 km。流域为一长条形,自西北向东南倾斜,平均长约 100 km、宽约 30 km,流域面积 2980 km²。漳河水库位于湖北省荆门市境内,漳河水库系拦截漳河及其支流而成,承雨面积 2212 km²,总库容 20.35×10⁸ m³(图 9.15)(彭涛等,2010)。

按照漳河水库防洪应急预案十三(表 9.1)中的溃坝方案,对溃坝过程进行模拟。漳河水库抗洪抢险应急预案十三来自《漳河水库防洪抢险应急预案(2010)》,漳河水库防洪抢险应急预案第 3 部分"突发事件危害性分析"的"大坝溃决分析部分"采用由中国水利水电科学研究院负责研究的《湖北省洪水风险区规划及示范工程洪水风险图编制项目》项目研究成果。

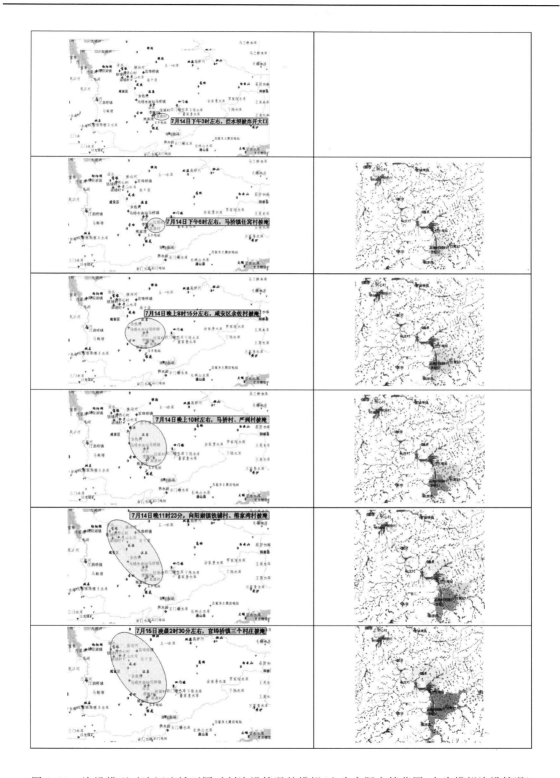

图 9.14 淹没模型对淦河流域不同时刻淹没情况的模拟(左为实际灾情范围,右为模拟淹没情况)

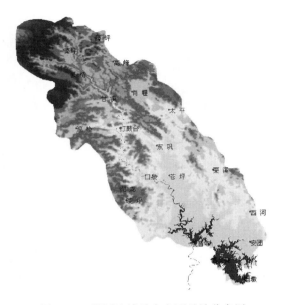

图 9.15　漳河流域及水文雨量站分布图

表 9.1　漳河水库抗洪抢险应急预案十三(2010)

方案名称	方案描述		备注
方案 13	校核洪水过程,校核水位,观音寺和鸡公尖两库、副坝险工一和副坝险工二同时溃决		大坝以下

方案编号	溃决方式	溃口形状	初始宽度	初始溃口水深	溃口控制宽度	溃口控制高程	库尾来流	溃坝时库水位
13	逐渐全溃	梯形	100	2	630(观音寺);1950(鸡公尖);200(险工一);200(险工二)	81(观音寺);82(鸡公尖);117(险工一);117(险工二)	校核洪水过程	校核水位

(1)最大溃决流量

参考相关文献,最大溃坝流量计算公式采用如下公式:

$$Q_m = \frac{8}{27}\sqrt{g}\left(\frac{B}{b_m}\right)^{\frac{1}{4}} b_m H_0^{\frac{3}{2}}$$

式中 Q_m、g、B、b_m、H_0 分别表示大坝溃决最大流量(m^3/s)、重力加速度(m/s^2)、坝长(m)、最终溃口宽度(m)、溃决水深(m)。

(2)溃坝流量过程线

按照溃坝方案,计算的流速时间曲线与最大洪峰流量值观音寺和鸡公尖的最大溃坝流量在 $60000 \sim 90000$ m^3/s。流量时间变化见图 9.16。

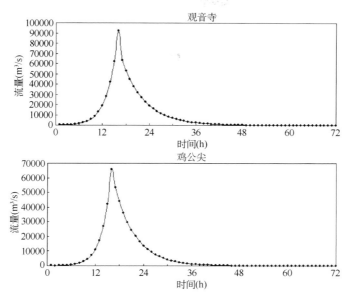

图 9.16　观音寺与鸡公尖溃口流量时间变化图

　　运用模型计算溃坝洪水的演进过程与预案洪水的演进过程较一致。断面标识为预案洪水到达时间。

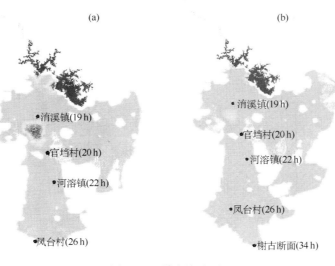

图 9.17　洪水演进图

(a)26 h 洪水演进图；(b)34 h 洪水演进图

9.4　2010 年武汉江夏特大暴雨洪涝灾害模拟

9.4.1　过程概述

2010 年 7 月 8—16 日受中低层切变线影响,湖北省出现梅雨期的持续性集中暴雨过程,雨带稳定少动,降水持续、强度大。强降水主要集中在鄂东、江汉平原东南部,江夏站 7 天最大降水量达 579 mm、连续 4 天暴雨,创历史新记录。

表 9.2　2010 年 7 月 10—13 日江夏区自动站逐时降水特征值

站名	小时最大值(mm)	≥20 mm 频次
豹澥	22.8	1
安山	41.5	3
郑店	27.3	3
法泗	28.1	1
五里界	20.9	1
山坡	22.4	3
湖泗	29.5	2
舒安	22.7	2
乌龙泉	36.2	2
流芳	35.8	1
鲁湖	14	0
梁子湖	35.7	4
江夏	29.7	4

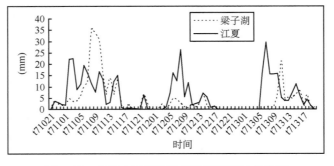

图 9.18　武汉市江夏区代表站逐时雨量变化图

9.4.2 暴雨洪涝过程模拟

将江夏区 2010 年 7 月 11 日至 13 日降雨量数据输入暴雨洪涝淹没模型之暴雨洪涝模型，可推算出相应的淹没面积和渍水深度的情况，如图 9.19 所示。

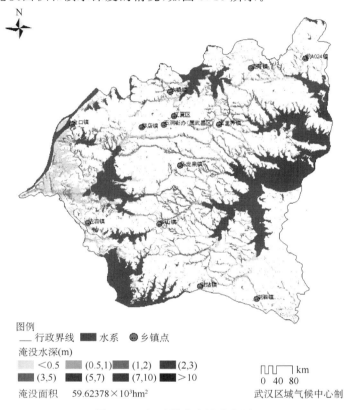

图 9.19 江夏洪涝淹没分布图

表 9.3 给出了具体的推算淹没面积与积水深度的关系。

表 9.3   2010 年 7 月 11—13 日江夏区洪水淹没面积模拟结果统计表

ID	水深(m)	像元数(1：50000)	面积($\times 10^3$ hm^2)
1	<0.5	664375	41.39082
2	[0.5,1)	127195	7.92430
3	[1,2)	97301	6.06189
4	[2,3)	37590	2.34187
5	[3,5)	24097	1.50125
6	[5,7)	4291	0.26733
7	[7,10)	700	0.04361
8	>10	1488	0.09270
合计		957037	59.62377

由表 9.3 可以进一步推算江夏区各类型区域的大致淹没情况。利用 2005 年江夏区土地利用类型资料,可以大致推算出各种土地利用类型在各水深段的淹没面积,如表 9.4 所示。

表 9.4　各土地利用类型在各水深段的淹没面积　　　　　　　　　　（单位：km²）

	0	(0,0.5)	(0.5,1)	(1,2)	(2,3)	≥3	合计
耕地	1117.4949	99.4572	42.7851	37.8882	16.7868	13.5846	1327.997
林地	96.984	0.6813	1.1529	1.1367	0.5796	0.4923	101.0268
草地	24.0741	0.1548	0.1008	0.0486	0.0207	0.0396	24.4386
城乡工矿居民用地	53.3592	3.2211	1.1358	0.7983	0.306	0.2259	59.0463
未利用地	20.6325	5.0481	0.4059	0.3006	0.2412	0.2052	26.8335
水域							471.6801
合计(不含水域)	1312.5447	108.5625	45.5805	40.1724	17.9343	14.5476	1539.3422

参考对比黄河流域相关研究资料,并与长江中游地区淹没区社会经济实际情况对比,调整、整合损失率数据,确定本项目中的分项资产损失率数据,结果如以下各表(刘树坤等,1999;丁大发,1999;李红英,2007;闻珺,2007;范振东,1999;郭广芬,2009;万君,2007)。

表 9.5　洪水淹没影响区农林业损失率

水深(m)	0~0.5	0.5~1	1~2	2~3	>3
农业(%)	25	50	80	100	100
林业(%)	2	5	10	30	40
牧业(%)	10	20	30	40	50
渔业(%)	10	20	30	60	100

表 9.6　洪水淹没影响区工商企事业单位损失率

水深(m)	0~0.5	0.5~1	1~2	2~3	>3
工业(%)	5	10	15	30	40
建筑业(%)	3	5	7	10	20
批发零售业(%)	5	10	25	40	50
餐饮业(%)	5	10	15	25	35
行政事业单位(%)	3	7	15	20	25

表 9.7　洪水淹没影响区居民财产损失率

水深(m)	0~0.5	0.5~1	1~2	2~3	>3
房屋(%)	5	15	40	60	80
家庭财产(%)	3	8	30	50	70

表 9.8　洪水淹没影响区基础设施损失率

水深(m)	0～0.5	0.5～1	1～2	2～3	＞3
水利设施(%)	5	10	15	20	30
市政设施(%)	4	8	17	25	30

2009 年江夏区社会经济基本情况如表 9.9 所示。

表 9.9　2009 年江夏区经济基本情况概况

项目	单位	2009 年	项目	单位	2009 年
土地总面积	km²	2008.98	生产总值	万元	1990591
人口密度	人／km²	299	第一产业	万元	331578
年末总户数	户	199695	第二产业	万元	937352
年末总人数	人	636983	工业	万元	840452
非农业人口	人	230576	建筑业	万元	96900
			第三产业	万元	721661

2009 年江夏区各行业信息汇总如表 9.10 所示。

表 9.10　2009 年江夏区各行业信息汇总

行业	产值或增加值或价值(万元)	相应面积(亩)
农业	314187	1854712
林业	2633	136133
牧业	161526	
渔业	99413	529805
工业	840452	
建筑业	96900	
批发零售业	453000	
餐饮业	46800	
行政事业单位	1307760	
房屋(栋均)	20	
家庭财产(户均)	5	
水利设施	507620	
市政设施	160000	

　　表 9.9 和表 9.10 中数据除行政事业单位、水利设施和市政设施按 2009 年财政对相关部门投入的经费推算、栋均房屋价值和户均家庭财产根据抽样调查数据推算外,其余数据均来自《武汉年鉴 2010》、《江夏年鉴 2010》。

　　利用表 9.3～表 9.10 的信息,结合淹没面积与积水深度的数据,可以得出洪灾财产经济损失的状况,如表 9.11 所示。

表 9.11　2010 年 7 月江夏区洪灾经济损失评估

	类别	损失（万元）
直接经济损失	农业损失	27173.05
	林业损失	16.1232
	牧业损失	517.5209
	渔业损失	2834.166394
	工业损失	8206.343091
	建筑业损失	467.8470895
	批发零售业损失	5443.705702
	餐饮业损失	435.8855
	行政事业单位损失	9159.522575
	房屋损失	0.343820019
	家庭财产损失	0.062503239
	水利设施损失	4499.230722
	市政设施损失	1354.026247
直接经济损失总和		60107.82445

9.5　模型结果验证

　　表 9.12 是江夏区实际灾情统计表。

表9.12　江夏区灾情统计表

时间:2010年7月30日

农业

项目	总面积	早稻	中稻	晚稻	经济作物
受灾面积(万亩)	40.55	12.29	8.12	1.84	18.3
成灾面积(万亩)	32.25	10.29	6.8	1.43	13.83
绝收面积(万亩)	16.19	5.37	1.33	7.01	2.48

林业

受灾面积(万亩)	苗木花卉(万亩)	经济林(万亩)	新造林(万亩)	其他(万亩)
11.25	1.25	7.9	0.75	1.35

水产及畜牧

受灾面积(万亩)			倒塌				冲毁				
总面积	大水面	鱼池	畜禽舍(m²)	院墙(m)	禽舍垫料(m²)	鱼池(亩)	沼气池(m³)	沼气管(m)	水泥(t)	家禽死亡(只)	畜牲死亡(头)
39.033	26.3817	12.6513	7148	2252	13500	1075	7000	200	18	61575	495

电力

断线			倒杆(根)	受淹	变压器烧毁	
35 kV	10 kV	220~380 V	220~380 V	菜地(亩)	台数	kVA
260 m	11处1300 m	15800 m	45	250	29	3310

房屋

危房		损毁房屋(间)	其中		受灾人口	转移安置	因灾死亡(人)
栋数(栋)	面积(m²)		倒塌	损坏			
59	2242	7089	5428	1668	8.651万人	10854人	7人

地质灾害

滑坡				护坡塌方(m³)	土石方(m³)
处数	长(m)	宽(m)	面积(m²)		
4	20	84.5	2000	800	3030

公路交通

冲毁				
路基(m³)	防护工程(m²)	路面(m²)	路缘石(m)	边沟(m)
303996	2851.5	540560	55	220

城区渍水

处数(此栏为7月13日数据)	溃水面积(m²)	受淹房屋		转移人口	
		户数(户)	面积(m²)	户数(户)	人数(个)
12	12000	86	10320	69	167

江夏区抗灾投入情况

截至到31日下午2时,全区投入防汛抢险劳力14.466万人,启动电力排水设施782台22800 kW,运行155060台时,投入编织袋73.316万条,彩条布1054捆,楠竹4.867万根,木桩5.043万根;完成抢险土石方7.359万 m³,直接经济损失7.895亿元(其中工业设备损失320万元,商贸受损20万元)。

模型推算的结果比实际上报结果小(约 30％),模型推算结果基本能够反映出此次灾害所造成的经济损失。

9.6　小结

1) 因暴雨引发的洪涝灾害,在灾害发生时,往往溃、漫、淹相互作用,叠加影响,机理更为复杂,给模拟造成新的难度。其灾害机理需要深入研究。

2) 流域内的暴雨洪涝灾害临界雨量是随着河流水位变化的,雨—洪关系的准确确定是暴雨洪涝灾害的关键问题。

3) 灾害风险评估的最主要目的是风险管理,所以,对暴雨洪涝灾害风险进行深入研究,是下一步的重要任务。

附录　相关模型

一、流域产流预报模型

1. 流域蓄水容量曲线与产流计算

流域产流采用流域蓄满产流模型,蓄水容量曲线多采用 B 次抛物线。

与流域蓄水量 W 值相对应的纵坐标值 A 为:

$$A = W'_{mm}\left[1 - \left(1 - \frac{W}{W_m}\right)^{\frac{1}{1+B}}\right]$$

流域总径流深 R 的计算:

(1)当 $PE \leqslant 0$ 时

$$R = 0$$

(2)当 $PE > 0$,且 $PE + A < W_m(1+B)$时

$$R = PE - W_m + W + W_m\left(1 - \frac{PE+A}{W_m(1+B)}\right)^{1+B}$$

(3)当 $PE > 0$,且 $PE + A \geqslant W_m(1+B)$ 时

$$R = PE - (W_m - W)$$

模型中 W'_{mm} 为流域中最大的点蓄水容量,参数 W_m 是流域平均蓄水容量,它由流域各土层的蓄水容量所组成,代表流域的干旱情况,是个气候因素;参数 B 代表蓄水容量在流域上的不均匀性,它取定于地质、地形条件。

2. 流域水源的划分

径流部分包括三个部分:地面径流、地下径流和壤中流,即:

$$\sum R = RS + RSS + RG$$

采用 EX 次抛物线作为自由水蓄水容量曲线的线型,利用自由水蓄水库划分三水源。自由水蓄水量 S 相对应的蓄水容量曲线纵坐标值 AU 由下式表示:

$$SSM = (1 + EX)S_m$$

$$AU = SSM\left[1 - \left(1 - \frac{S}{S_m}\right)^{\frac{1}{1+EX}}\right]$$

EX 为抛物线指数；SSM 为流域上自由蓄水量最大的某点的蓄量值；AU 为与自由水蓄水量 S 相对应的蓄水容量曲线的纵坐标；S_m 为流域平均自由水蓄水容量；S 为流域平均自由水蓄水量。

（1）$PE \leqslant 0$ 的产流计算

因为 $PE \leqslant 0$，所以 $R=0$，但因自由蓄水库中有蓄水 St，故壤中流 RSS 和地下径流 RG 不为零，此时：

$$F_{Rt} = 1 - \left(1 - \frac{W_t}{W_m}\right)^{\frac{B}{1+B}}$$

$$\begin{cases} RS = 0 \\ RSS = S_t \cdot KSS \cdot F_R \\ RG = S_t \cdot KG \cdot F_{Rt} \\ S_{t+1} = (1 - KSS - KG)S_t \end{cases}$$

（2）$PE > 0$ 的产流计算

如果 $PE + AU < SS_m$，则：

$$\begin{cases} RS = \left[PE - S_m + S_t + S_m\left(1 - \frac{PE+AU}{SS_m}\right)^{1+EX}\right]F_R \\ RSS = \left[S_m - S_m\left(1 - \frac{PE+AU}{SS_m}\right)^{1+EX}\right]KSS \cdot F_R \\ RG = \left[S_m - S_m\left(1 - \frac{PE+AU}{SS_m}\right)^{1+EX}\right]KG \cdot F_R \\ S_{t+1} = (1 - KSS - KG)\left[S_m - S_m\left(1 - \frac{PE+AU}{SS_m}\right)^{1+EX}\right] \end{cases}$$

如果 $PE + AU \geqslant SS_m$，则：

$$RS = (PE - S_m + S_t)F_R$$
$$RSS = S_m \cdot KSS \cdot F_R$$
$$RG = S_m \cdot KG \cdot F_R$$
$$S_{t+1} = (1 - KSS - KG)S_m$$

KSS 为自由蓄水库对壤中流的出流系数；KG 为自由蓄水库对地下径流的出流系数；FR 为时段平均产流面积，$FR = R/PE$；SS_m 为自由水最大的点蓄水容量。

3. 流域蒸散发模型

在三层蒸散发模型中，只要产流，则 $E = Em$，上式即改为：$PE = P - E = P - Em$，Em 为流域蒸散发能力，其值为流域日蒸发观测值乘以一个修正系数 K。

上层土壤虚拟蓄水量是为计算各层蒸散发量而设定的，它为时段初上层土壤蓄水量 WUt 加上本时段的降雨量 P，没有考虑蒸散发量。

（1）上层、下层蒸散发量 EU、EL

上层土壤虚拟蓄水量 $WUt' = WUt + P$

当 $WUt' \geqslant EM$ 时，$EU = EM$，$EL = 0$

当 $WUt' < EM$ 时，$EU = WUt'$

$$EL = \begin{cases} (E_m - EU)WL_t/WL_m & (WL_t/WL_m \geqslant C) \\ C(EM - EU) & (WL_t/WL_m < C, WL_t > C(E_m - EU)) \\ WL_t & (WL_t/WL_m < C, WL_t < C(E_m - EU)) \end{cases}$$

式中，WL_t 为下层土壤时段初蓄水量；WL_m 为下层土壤蓄水容量；C 为深层蒸散发系数。

(2)深层蒸发量 ED

只有当 $(WL_t/WL_m < C, WL_t < C(E_m - EU))$ 时，产生 ED。

$$ED = C(E_m - EU) - EL$$

(3)流域蒸发量 E

$$E = EU + EL + ED$$

4. 各层土壤蓄水量计算

(1)上层土壤蓄水量 WU

按上层土壤水量平衡关系求 WU 的时段末值 WU_{t+1}，令 WU'_{t+1} 为初算的 WU_{t+1} 值，则：

$$WU'_{t+1} = WU_{t+1} + P - R - EU$$

若 $WU'_{t+1} \geqslant WU_m$，则 $WU_{t+1} = WU_m$

若 $WU'_{t+1} < WU_m$，则 $WU_{t+1} = WU'_{t+1}$

式中，WU_m 为上层土壤蓄水容量。

(2)下层土壤蓄水量 WL

按下层土壤水量平衡关系求 WL 的时段末值 WL_{t+1}，令 WL'_{t+1} 为初算的 WL_{t+1} 值，则：

$$WL'_{t+1} = WL_t - EL + (WU_{t+1} - WU_m)$$

若 $(WU_{t+1} - WU_m) < 0$，则 $WL_{t+1} = 0$

若 $WL'_{t+1} \geqslant WL_m$，则 $WL_{t+1} = WL_m$

若 $WL'_{t+1} < WL_m$，则 $WL_{t+1} = WL'_{t+1}$

式中，WL_m 为下层土壤蓄水容量。

(3)深层土壤蓄水量 WD

按深层土壤水量平衡关系求 WD 的时段末值 WD_{t+1}，令 WD'_{t+1} 为初算的 WD_{t+1} 值，则：

$$WD'_{t+1} = WD_{t+1} - ED + (WL'_{t+1} - WL_m)$$

如果 $(WL'_{t+1} - WL_m) < 0$，则 $WD_{t+1} = 0$

如果 $WD'_{t+1} \geqslant WD_m$，则 $WD_{t+1} = WD_m$

如果 $WD'_{t+1} < WD_m$，则 $WD_{t+1} = WD'_{t+1}$

式中，WD_m 为深层土壤蓄水容量。

(4)流域蓄水量 W 与流域蓄水容量 W_m

$$W_{t+1} = WU_{t+1} + WL_{t+1} + WD_{t+1}$$
$$W_m = WU_m + WL_m + WD_m$$

二、流域非线性汇流模型

考虑到流域降雨的时空变化和流域地形，河道特征对流域汇流的非线性影响，建立了流域分散入流非线性汇流模型。

1. 地面径流汇流计算基本方程

地面径流汇流计算采用变动雨强瞬时单位线基本方程为：

$$Q_S(j) = \sum_{k=1}^{j} ncR_S^{2-1/n}(j-k+1)V^{n-1}(1-V^n)\Delta t$$

当已知汇流参数 n, c 以及净雨强度 R_S 时,用上式便可计算出地面净雨的汇流过程。

2. 壤中流汇流计算基本方程

流域壤中流采用线性水库调蓄计算模型模拟其汇流过程,其基本方程为:

$$Q_{ss}(j) = K_{ss}Q_{ss}(j-1) + \frac{(1-K_{ss})R_{ss}(j)f}{3.6\Delta t}$$

式中,$R_{ss}(j)$ 为流域平均壤中流净雨深;f 为流域面积;K_{ss} 为流域壤中径流流量消退系数。

3. 地下径流汇流计算基本方程

流域地下径流采用线性水库蓄泄模型计算其汇流过程,基本计算方程式为:

$$Q_g(j) = K_gQ_g(j-1) + \frac{(1-K_g)R_g(j)f}{3.6\Delta t}$$

式中,$R_g(j)$ 为流域平均地下净雨深;K_g 为地下径流流量消退系数。

流域非线性汇流计算模型由描述地面汇流过程的变动雨强瞬时单位线模型和描述壤中流和地下汇流过程的线性水库调蓄计算模型组成,将其表达为综合计算模型结构为:

$$Q(j) = Q_{ss}(j) + Q_g(j) + Q_{S,i}(j) = K_{ss}Q_{ss}(j-1) + \frac{(1-K_{ss})R_{ss}(j)f}{3.6\Delta t} +$$

$$K_gQ_g(j-1) + \frac{(1-K_g)R_g(j)f}{3.6\Delta t} + \sum_{k=1}^{j} ncR_S^{2-1/n}(j-k+1)V^{n-1}(1-V^n)\Delta t$$

利用上述模型计算流域汇流过程 $Q(j)$ 时,涉及参数 K_{ss}、K_g 以及各分区的地面径流汇流参数 c、n。

三、参数率定评定指标

根据《水文情报预报规范》,对洪水试验预报结果,采用洪峰相对误差、峰现时差及模型有效性等指标来评定。

1. 洪峰相对误差(DQ_m)

$$DQ_m = |Q_{obv} - Q_{cal}|/Q_{obv} \times 100\%$$

式中,Q_{obv} 为实际观测流量;Q_{cal} 为模拟计算流量。当模拟计算洪峰相对误差≤20％时,即认定该场洪水预报合格。

2. 峰现时差(DT)

$$DT = |T_{Q计} - T_{Q实}| \leqslant 3$$

式中,$T_{Q计}$ 为预报洪峰流量峰现时间;$T_{Q实}$ 为实测洪峰流量峰现时间。水文业务中常将 3 h 作为峰现时间预报许可误差。

3. 模型有效性

对有效性评定采用过程效率系数 DQ_j:

$$DQ_j = 1 - \frac{S^2}{\sigma^2}$$

其中

$$S = \sqrt{\dfrac{\sum\limits_{i=1}^{M}(Q'_i - \overline{Q}')^2}{M}}$$

$$\sigma = \sqrt{\dfrac{\sum\limits_{i=1}^{M}(Q_i - \overline{Q})^2}{M}}$$

式中，DQ_j 为场次洪水流量过程确定性系数；S 为场次洪水流量过程预报误差的均方差，其中的 Q'_i 为场次洪水流量预报值，$\overline{Q}'$ 为预报场次洪水流量均值；σ 为场次洪水流量过程的均方差；其中的 Q_i 为场次洪水流量实测值；$\overline{Q}$ 为实测场次洪水流量均值；M 为场洪水流量过程总节点数；N 为洪水场次总数。

参考文献

丁大发.1999.黄河下游防洪工程体系减灾效益分析方法及计算模型研制报告.

范振东.1999.武汉市江夏区洪涝灾害成因及减灾对策.湖北气象,(4).

郭广芬,周月华,史瑞琴,李兰,万君.2009.湖北省暴雨洪涝致灾指标研究.暴雨灾害,**28**(4).

李红英.2007.基于 GIS 的洪灾损失评估研究——以黑河为例.西安理工大学.

刘树坤,宋玉山,程晓陶.1999.黄河滩区及分滞洪区风险分析和减灾对策.郑州:黄河水利出版社.

刘修国,郑贵洲,张剑波.2004.数字高程模型原理与方法.中国地质大学(武汉),2.

彭涛,李俊,殷志远,等.2010.基于集合降水预报产品的汛期洪水预报试验.暴雨灾害.**29**(3):274-278.

万君,周月华,王迎迎,郭广芬.2007.基于 GIS 的湖北省区域洪涝灾害风险评估方法研究.暴雨灾害,**26**(4).

闻珺.2007.洪水灾害风险分析与评价研究.河海大学.

章国材.2010.气象灾害风险评估与区划方法.北京:气象出版社.

漳河水库防洪抢险应急预案(2010).

赵昕,张晓元,赵明登,等.2009.水力学.北京:中国电力出版社,3.

Gemmer M. 2004. Decision support for flood risk management at the Yangtze River by GIS/ RS based flood damage estimation，Giessen：Shake，108-127.

⑩ 城市内涝灾害风险评估方法

李春梅　唐力生　刘锦銮　刘蔚琴　曾　侠　郑　璟　王　兵

(广州区域气候中心)

在全球气候变暖的背景下,极端气象灾害事件发生的概率越来越大,而随着社会经济的发展和城市化进程的加快,城市规划不合理、防洪除涝能力建设滞后等诸多原因,使得由暴雨引发的城市内涝灾害发生的频率、强度及其影响日益加剧。尤其是近年来,国内大中城市不断出现因暴雨引发的严重城市内涝灾害,如上海"2005.8.25"暴雨、济南"2007.7.18"暴雨、广州"2010.5.7"暴雨、北京"2011.6.23"暴雨、武汉"2011.6.18"暴雨等。随着城市规模的扩大,在城区内出现了大量的低洼地带,一旦发生强降水就易形成排水不畅并形成大量积水的现象,造成交通中断、车辆被淹、房屋进水、人员被困以及设施被毁等一系列城市积涝灾害,严重影响了城市的生产经济活动和市民的正常生活。如:2010年5月7日广州市出现的历史罕见特大暴雨过程,导致全市3.2万人受灾,中心城区118处地段出现内涝水浸,35处停车场遭受水淹,全市经济损失约5.438亿元,其中仅车辆受淹一项损失就达1.7亿元,此外,还有6人因洪涝灾害死亡。而随着城市的发展和市场经济活动的增多,每年因积涝灾害造成的损失将会更加巨大。为了防止内涝灾害和减轻受害程度,掌握内涝灾害发生的临界条件、评估内涝灾害风险区域和可能受灾程度,提前作出预警是非常必要的。

依托中国气象局2011年现代气候业务试点项目——"暴雨洪涝灾害气象风险评估及服务业务系统建设",以广州市中心城区为研究区域,通过对内涝灾害的实地调查、分析内涝灾害的主要成因,研究城市内涝致灾临界降水条件,并借助雷达定量降水估测和GIS技术,建立了城市积涝淹没模型,并将两种方法结合起来对广州市城市内涝灾害进行了风险评估,评估结果与实际吻合较好。

10.1 研究区域概况

广州是中国五大中心城市之一,地处珠江三角洲北缘,属南亚热带典型的海洋季风气候,水汽充沛,降水频繁,且位于珠江、东江、北江下游入海口,自古以来水患就比较严重,是全国洪涝灾害风险最高的城市之一,也是全国重点防洪城市之一。广州市中心城区(包括荔湾区、越秀区、天河区、海珠区、白云区、黄埔区)总面积1166.37 km²,约占广州市总面积的1/6,却集中了广州市2/3以上的人口,同时也是社会经济财富的主要集中区,以汽车为例,2011年广州市汽车保有量达170万辆,而中心城区就占了2/3。因此,广州市中心城区是城市内涝灾害发生的重灾区,特别是新世纪以来,几乎每年都有不同程度的城市内涝现象发生。

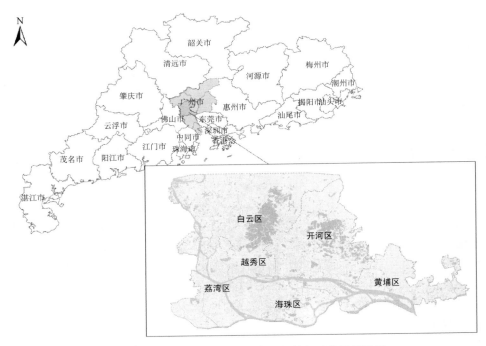

图 10.1   广州市在广东省的位置和研究区范围示意图

10.2   城市内涝的成因分析

大量研究表明(张维等,2010;郭常安等,2011;伍家添,2010;阮小燕,2010),广州市城市内涝灾害是自然与人为因素的相互作用的结果,从自然因素来看,广州市年降水量达 1800 毫米,而且降水时空分布极不均匀,且近年来强降水的次数、最大小时降水量和降水强度都有增加的趋势,极端降水事件时有发生;同时,由于广州位于珠江、东江、北江下游入海口,地理位置比较特殊,受外江洪水和潮水的顶托的影响,也会导致路面积水无法排出。而从人为因素来看,目前广州市存在排水管网建设滞后,排水管渠、泵站能力不足等问题。长期以来,城市建设中存在"重地上、轻地下"的观念,地下设施的投入严重不足。中心城区排水系统设计标准过低,中心城区已建排水管渠长约 8463 km,排水管道达到"一年一遇"标准的排水管网只占总量的83%,达到"两年一遇"标准的排水管网仅占 9%。中心城区还有部分重现期为 0.5 a,有些地区(如城中村)还没有排水管网;随着城市发展进程加快,地表硬质化日趋严重,蓄、滞、渗水能力很快减退,增大了地下排水渠道的排涝压力;雨污合流导致新问题,管道淤塞加剧,人为堰堵排口,清通维护不及时,也对排水能力起到非常大的制约作用。再加上城市中心地区人口密集,建筑集中,工商业和交通发达,遭遇暴雨的损失相当严重。

10.3   城市内涝致灾临界降水条件

城市内涝是指由于强降水或连续性降水超过城市排水能力致使城市内产生积水灾害的现

象。根据广州市气象资料统计分析,广州市≥20 mm 的小时强降水主要出现在汛期(4—9月份),约占 93.3%,且多发生在午后至傍晚(13时—19时),占 50.5%。强降水过程平均降雨强度主要集中在 4 mm/10 min～7 mm/10min。2010 年 5 月 7 日凌晨发生的暴雨过程,小时降雨量高达 99.1 mm,创下了广州市新的历史纪录,致使中心城区 118 处地段出现内涝灾害。广州市排水管网大部分为 1 a 一遇标准,根据广州市暴雨强度公式,广州市 0.5 a 一遇的降雨强度为 43.4 mm/h,1 a 一遇的降雨强度为 51.6 mm/h。广州市 0.5 a 一遇以上降雨强度的强降水过程持续时间多在两小时以内,降水持续时间超过两小时的过程一般雨强相对较弱。

城市内涝致灾临界降水量的局地性很强,而且随着城市环境的建设和治理,引发城市内涝的致灾临界降水条件也会发生变化,每次过程应急抢险措施和时效的不同也会影响实际水浸结果,因此,城市每一个区域/每一个立交桥积涝的致灾临界降水条件都不同,当城市排水条件发生变化时,应当根据新的积涝资料重新反演致灾临界降水条件,并利用致灾临界降水指标开展城市内涝易涝点风险评估和灾害预警。

通过对近年来广州市城市内涝灾害个例的调查,研究确定城市内涝灾害的致灾临界降水条件,结合广州市强降水的特点,采用 1 h、2 h 和 3 h 的面雨量来表征城市内涝灾害的致灾临界降水条件。求取致灾临界降水条件的方法有两种:

(1)历史灾情反推法

根据城市内涝历史灾情记录中的内涝发生时段、内涝地点、积水深度、积水面积和积水时长等信息,查找相应地点附近的区域气象自动站在对应时段内的降雨量记录和雷达定量估测降水资料,建立面雨量与内涝灾情严重程度之间的对应关系,从而确定该地点的致灾临界降水指标。

(2)内涝模型

基于城市内涝数学模型,模拟不同降雨条件下城市易涝点的内涝积水深度和淹没面积,根据模拟结果建立积水深度与降雨条件之间的相关关系,进一步确定各易涝点的致灾临界降水指标。再通过对易涝点实地调查,细化和完善致灾临界降水条件,确定城市内涝易涝点的致灾临界降水指标。

以广州市城市内涝灾害多发点——岗顶为例,对该点近年出现的 5 次内涝灾害过程进行调查,统计灾害发生时的降水量(表 10.1),对照灾情实况,根据历史灾情反推法,确定岗顶的各级风险的致灾指标范围(表 10.2)。

表 10.1　广州市岗顶桥底内涝灾害过程的灾情及降水实况

内涝发生时间	2009 年 3 月 8 日	2009 年 6 月 3 日	2009 年 8 月 6 日	2010 年 9 月 3 日	2011 年 5 月 22 日
易涝点	岗顶桥底	岗顶桥底	岗顶桥底	岗顶桥底	岗顶桥底
1 h 降雨量(mm)	52.5	68.6	33.6	40.7	37.8
2 h 降雨量(mm)	72.9	72.4	49.4	66.8	56.4
3 h 降雨量(mm)	78.3	73.3	62.5	84.4	57.9
内涝程度	水浸塞车	水浸	有积水	最深超过 50 cm	积水深度 50 cm,积水面积 5 m×0.3 m

表 10.2　广州市岗顶桥底内涝灾害致灾临界降水指标

致灾等级	致灾临界降水量指标(R)		
	1 h 降雨量 R_1(mm)	2 h 降雨量 R_2(mm)	3 h 降雨量 R_3(mm)
严重	$R_1 \geqslant 65$	$R_2 \geqslant 80$	$R_3 \geqslant 100$
中等	$35 \leqslant R_1 < 65$	$50 \leqslant R_2 < 80$	$70 \leqslant R_3 < 100$
较轻	$10 \leqslant R_1 < 35$	$20 \leqslant R_2 < 50$	$40 \leqslant R_3 < 70$
无	$R_1 < 10$	$R_2 < 20$	$R_3 < 40$

以广州市另一个易涝点科韵路为例,通过城市积涝淹没模型,模拟出科韵路在 1 h 雨量 30 mm 时,积水深度达到 50 cm,属于中等风险等级,与通过内涝灾害灾情资料得到的致灾临界降水条件一致。

地名	科韵路
最大深度(m)	0.5448052

图 10.2　城市积涝淹没模型模拟结果

2011 年 7 月 16 日 19 时科韵路附近出现 1 h 20.6 mm 的强降水,致使科韵路出现 20 cm 的积水,与根据致灾临界降水指标对灾害的风险等级判定一致。

表 10.3　广州市科韵路内涝灾害致灾临界降水指标

致灾等级	致灾临界降水指标(R)		
	1 h 雨量 R_1(mm)	2 h 雨量 R_2(mm)	3 h 雨量 R_3(mm)
严重	$R_1 \geqslant 45$	$R_2 \geqslant 70$	$R_3 \geqslant 100$
中等	$30 \leqslant R_1 < 45$	$50 \leqslant R_2 < 70$	$60 \leqslant R_3 < 100$
较轻	$10 \leqslant R_1 < 30$	$20 \leqslant R_2 < 50$	$40 \leqslant R_3 < 60$
无	$R_1 < 10$	$R_2 < 20$	$R_3 < 40$

10.4　城市积涝淹没模型

许多国家都在城市内涝数学模型上不同程度地开展了相关研究(朱冬冬等,2011;刘兆存等,2007;胡伟贤等,2010),最有代表性的是美国暴雨洪水管理模型(SWMM),对城市排水系统有很强的模拟计算功能。国内天津气象科研所研发的"城市暴雨内涝仿真系统"也能够较好地模拟暴雨造成的城市积水情况。这类系统主要是基于水文动力模型,通常以城市地表与明渠、河道水流运动为主要模拟对象,模拟地下排水管网内的水流,输入雨量数据、通道、单元特征数据、排水管网数据、单元初始水深等数据,输出显示积水位置、最大积水深度、积水历时等信息。但在城市内涝灾害风险评估中,由于地下排水管网数据不易获取,而且风险评估侧重于对积涝的位置和水深的评估,地下排水管网内的水流运动情况可作适当的简化。为此,根据广州市地质条件、地形地貌及地表构成,对广州市地表进行概化,并分析地表径流产生原因,建立广州市地表径流汇聚模型;将广州市按照道路进行片区化,根据每个片区设计最大排水能力并结合实际调查数据估算实际最大排水能力,进而计算片区实际地表径流汇聚量;按道路计算对广州市排水管网排水效率进行分析,建立排水管网排水能力估算模型;最后按照道路管网分布、城市道路及片区化,计算广州市积涝淹没情况。

10.4.1　广州地质条件及地形地貌

从地形地貌广州市可分为三种类型地形(广州年鉴社,1984)。原广州市(老八区范围)的北部和东北部为一列从东北—西南走向的绵延低山丘陵;中部是散布在山地边缘或错落于平原之上的台地;南部是珠江三角洲平原。其中低山与丘陵的海拔大都在 400 m 以下,以白云山为最高(最高峰摩星岭海拔 372.3 m)。紧贴着山地的南麓和散布在珠江平原上的第二种地形就是台地。从海拔高度看,可分为海拔 40～50 m 和海拔 20～30 m 两级。海拔 40～50 m 的台地大都由花岗岩构成,也有由红色砂页岩或砾岩构成的。其中石牌台地(即华南理工大学和华南农业大学所在地)及上元岗一带是由花岗岩构成。黄花岗和七星岗等则由红色岩系所成。海拔 20～30 m 的台地,分布较广,多为红色砂岩、页岩或砾岩构成。这级台地,分布在珠江北岸的有红花岗、东山岗、岗顶、石牌村、华南师范大学、天河城所在地等;分布在珠江南岸的有赤岗、小港、鹭江、南石头等。而河南漱珠岗则是一个古火山,为流纹岩所成。这一级台地,因地势平坦,地基坚实,广州市中心区和现在许多新工业区多分布在这里。广州市常见的第三类地形是珠江三角洲平原,主要分布在市区和鹤洞、新滘、沙河、东圃、黄埔、南岗等地的珠江两岸。它是由河海合力淤积所成的近代冲积平原,海拔多在 10 m 以下,地势低平,土壤肥沃。经过多年城市发展和开发,很多原有耕地均变成了高楼大厦。虽然,城市地表覆盖复杂,但从透水性来分,可以粗略地分为不透水面和透水面。建立这两个地表覆盖概念之后,从而推导并建立相应的广州市地表径流汇聚模型。

10.4.2　广州市地表产流模型

10.4.2.1　下垫面概化

为了建立广州市地表径流汇聚模型,需将广州市下垫面概化。由于城市土地利用性质差别较大,从透水性来分,则基本可以分不透水面和透水面两大类(徐南阳,1998)。实际情况下,很难确定不透水面和透水面的面积。此外,人行道路铺砌防水砖、花圃等具有一定的透水性,其他的不透水面也具有一定的裂缝。因此,在对广州市地表进行概化的时候,对不透水面需要乘以一个系数。不透水面积可通过高分辨率或航拍影像进行分类,或者根据城市规划要求进行粗略估算。

为确定下垫面概化的地表覆盖,作如下规定:不透水层(沥青、水泥路面;建筑用地;);透水层(草地、森林、公园);水体(湖泊、河流);α—不透水层系数;某个小区其不透水层面积 A_1,透水层面积 A_2;整个小区透水层总面积

$$A = \alpha A_1 + A_2 \tag{10.1}$$

10.4.2.2 不透水层产流算法

(1)降水过程中洼蓄量计算

在 10.4.2.1 中,将不透水层中的透水部分通过不透水层系数 α 剔除,大雨以上的降水过程中的蒸散发可忽略,那么需要考虑的只是不透水层洼蓄量(B),令 B_0 为初始洼蓄量,B_m 为最大洼蓄量(单位均为 mm)。

令过程降水量为 R,则不透水层产流公式

$$W_{pr} = R - B \tag{10.2}$$

(2)雨间期洼蓄量计算

雨间期的地面蒸散发(E)需要计算,这里我们采用较为简单的水面蒸散发(E_w)进行折算,折算系数为 β,故地面蒸散发 $E = \beta E_w$。则雨间期洼蓄因地表蒸散而消耗,其递减计算式为

$$B_{i+1} = B_i - E_i \tag{10.3}$$

式中,i—某时间段序。

10.4.2.3 透水层产流计算

(1)透水层入渗速率分配

透水层降水损失主要包括蒸散发、植物截留、洼蓄和土壤蓄水。为简化计算,将植物截留和洼蓄归至入渗损失,且假定透水层平均入渗速率满足霍顿下渗公式(文康等,1982)。

$$f = f_0 e^{-kt} + f_c(1 - e^{-kt}) \tag{10.4}$$

式中,$f_0 = 90$ mm/h—平均最大入渗速率;$f_c = 60$ mm/h—格点平均稳定入渗速率;$k = 0.65$—入渗速率递减系数(李蝶娟等,1986)。并选用 n 次方抛物线进行透水层面积分配

$$\gamma = 1 - \left(1 - \frac{f_i}{f_m}\right)^n \tag{10.5}$$

式中,γ—小于等于点入渗速率 f_i 的面积比;$n = 2.5$;f_i—点入渗速率;f_m—最大入渗速率,$f_m = \dfrac{f_0}{k}$。

(2)土壤含水量未达到饱和前地表产流强度计算

在(10.4)式中,令 $f_1 = f_0 e^{-kt}$,此时,f_1 代表的物理意义为毛管力产生的入渗率;同样,令 $f_2 = f_c(1 - e^{-kt})$,此时,f_2 代表的物理意义为重力产生的入渗率。一般认为土壤含水量的增量是由于毛细管作用,故对 f_1 从 $0 \rightarrow t$ 进行积分得到土壤累积毛管下渗量

$$W = \frac{f_0}{k}(1 - e^{-kt}) \tag{10.6}$$

将(10.6)式代入 f_2 计算式可得

$$f_2 = \frac{kWf_c}{f_0} \tag{10.7}$$

在土壤含水量达到田间持水量前,由于土壤入渗速率低于降水强度时,产生的地表径流由下式计算

$$r_s = \begin{cases} i - f\left[1 - \left(1 - \dfrac{i}{f_m}\right)^{1+n}\right] & i \leqslant f_m \\ i - f & i \geqslant f_m \end{cases} \tag{10.8}$$

式中,i 为降水强度。

地下径流强度由下式计算

$$r_g = \frac{(f_i - r_s)f_2}{f} \tag{10.9}$$

单位产流强度计算出来之后,可通过下式计算地表、地下净雨量和土壤补充水量 ΔF

$$h_s = r_s \Delta t \tag{10.10}$$

$$h_g = r_g \Delta t \tag{10.11}$$

$$\Delta F = R - h_s - h_g \tag{10.12}$$

在(10.12)式中,当干燥土壤中的 ΔF 累积量达到 f_m 后,土壤入渗速率转入平稳期。

(3)土壤入渗速率平稳期地表产流计算

由于入渗速率平稳,根据霍顿入渗公式原理,时段产流模型采用下式进行计算

$$h = R_p - f \cdot \Delta t \cdot \left\{1 - \left[1 - \frac{R_p}{(1+n) \cdot \Delta t \cdot f}\right]^{1+n}\right\} \tag{10.13}$$

式中,$n = 2.5$;R_p—时段降水量;当每小时降水大于 372 mm 时,将直接使用公式(10.8)中的第二式进行地表产流强度计算。

10.4.3　广州市地表径流汇流模型

城郊地表汇流算法采用移动栅格窗口和 8 分位法计算栅格坡度值及坡降方向(图 10.3)。被计算栅格单元的坡降及方向标记为 D0,与其相邻栅格单元分别标记为 D1~D8;高度差值最大的方向,用 $2n - 1$ 表示,n 为邻域栅格单元的标号,逐点移动窗口计算每一栅格的汇排功能。

D1	D2	D3
D4	D0	D5
D6	D7	D8

图 10.3　栅格点坡度、坡向计算及编码

10.4.4　广州市雨水管渠排水能力估算

10.4.4.1　广州市暴雨强度算法

暴雨强度指降雨在某一历时内的平均降雨量,即单位时间内的降雨深度,单位mm·min^{-1}。工程上常用单位时间内的降雨体积表示,单位:L/(s·hm^2)。

暴雨强度可用重现期区间参数公式计算

$$q = \frac{167A}{(t+b)^n} \tag{10.14}$$

式中:q—设计暴雨强度(L/(s·hm^2))

$\quad t$—降雨历时(min)

$\quad A$—雨力

$\quad b$、n—常数

经推算,广州市暴雨强度总公式:

$$q = \frac{3081.665(1+0.479\lg P)}{(t+11.628)^{0.718}}$$

因总公式精度不及区间参数公式,故推求其他重现期设计暴雨强度时使用区间参数公式(见表 10.4)。

表 10.4　重现期区间暴雨强度公式

重现期 P(a)	参数及计算公式
1	$q = 5462.570 /(t+16.679)^{0.839}$
3	$q = 4197.545 /(t+13.259)^{0.732}$
5	$q = 3896.611 /(t+12.177)^{0.696}$

10.4.4.2　城市雨水管渠排水能力

雨水管渠排水能力设计应根据暴雨重现期及汇水地区性质、地形特点和气候特征等因素来确定(城市排水工程规范,2000)。在同一排水系统中可采用同一重现期或不同重现期作为设计参考标准。重现期一般选用 0.5~3 a,重要干道、重要地区或短期积水即能引起较严重后果的地区,一般选用3~5 a,并应与道路设计协调。特别重要地区和次要地区可酌情增减。广州市年降水量较大,尤其在汛期,短时降水强度较大。为满足雨水管渠的排水能力要求,广州市排水工程均按照行业标准(室外排水设计规范,2000)进行设计。

$$Q_s = q\psi F \tag{10.15}$$

式中:Q_s—雨水设计流量(L·s^{-1});

$\quad q$—设计暴雨强度(L·s^{-1}·hm^{-2});

$\quad \psi$—径流系数;

$\quad F$—汇水面积(hm^2)。

各类地表覆径流系数可查表 10.5,汇水面积的平均径流系数按地面种类加权平均计算;区域综合径流系数,可查表 10.6。

表 10.5 各类地表覆盖径流系数

地面种类	ψ
各种屋面、混凝土和沥青路面	0.85～0.95
大块石铺砌路面和沥青表面处理的碎石路面	0.55～0.65
级配碎石路面	0.40～0.50
干砌砖石和碎石路面	0.35～0.45
非铺砌土路面	0.25～0.35
公园或绿地	0.10～0.20

表 10.6 综合径流系数

区域情况	ψ
城市建筑密集区	0.60～0.85
城市建筑较密集区	0.45～0.6
城市建筑稀疏区	0.20～0.45

10.4.4.3 片区、道路实际排水能力计算

由于淤泥堵塞等情况造成城市雨水管渠排水能力往往无法达到设计排水能力。根据实际调查情况,对广州市片区和道路的实际排水能力采用(10.16)式进行简化计算。并通过统计拟合,得到拟合系数。

$$Q_t = \varepsilon Q_s \tag{10.16}$$

式中,Q_t—雨水管渠实际排水能力($\mathrm{L \cdot s^{-1}}$);ε—雨水管渠实际排水能力修正系数。

10.4.4.4 广州市积涝淹没模型

采用 10.4.2 方法对城区进行划分后,可用(10.17)式计算道路的汇流情况。

$$Q_{i,t} = Q_{i,r} - Q_{s,t} + \sum_{i=1}^{n}(Q_j - Q_{s,j}) \tag{10.17}$$

式中,$Q_{i,t}$—为时段 t 第 i 条道路经排水管网后的汇流量,$Q_{i,t} \leqslant 0$ 时,不会出现积涝;$Q_{i,r}$—为第 i 条道路自身产流量;$Q_{s,t}$—为第 i 条道路实际排水能力;Q_j—为产流汇入道路 i 的第 j 片区产流量;$Q_{s,j}$—为第 j 片区实际排水量。

10.5 城市内涝预警和灾害风险评估

10.5.1 基于致灾临界降水指标的易涝点风险评估和预警

根据未来 1 h、2 h、3 h 的精细化定量降水预报数据、雷达定量降水估测和降水实况监测数据,根据易涝点致灾临界降水指标开展城市易涝点内涝灾害等级和受影响区域内的不同承灾体易损性进行风险评估,达到一定灾害等级标准,发布相应的易涝点内涝灾害预警。

10.5.2 基于内涝淹没模型的内涝灾害风险评估

利用未来 1 h、2 h、3 h 的格点降水预报数据、雷达定量降水估测和降水实况监测数据,根据城市积涝淹没模型,评估可能出现积水的地段、内涝地段的积水深度和历时,并根据内涝灾

害风险等级判别标准,评估内涝灾害风险程度。制作城市内涝灾害风险评估图,达到一定灾害等级标准,发布相应内涝灾害预警信息。

10.6　城市内涝灾害风险等级判别标准

对于交通要道、商业、居民社区、地上/地下车库等易损性承灾体,满足下列条件定义为该易损性承灾体的不同风险等级。

表 10.7　不同易损性承灾体的风险等级判别标准

城市内涝等级		低风险	中风险	高风险
交通要道	积水深度	5～20 cm	20～60 cm	＞60 cm
	灾害影响	机动车尚可行使,但行车缓慢,影响道路交通畅通	交通部分阻断,小车无法通行	交通完全阻断
商业、居民社区	积水深度	5～20 cm	20～60 cm	＞60 cm
	灾害影响	影响居民生活,可能造成财产损失	影响居民生活,造成部分财产损失	严重影响居民生活,造成较严重财产损失
地上/地下车库	积水深度	5～25 cm	25～60 cm	＞60 cm
	灾害影响	对部分排气管较低车型可能影响	水浸超过排气管高度,对发动机可能有影响,车厢内可能进水	水浸高度超过进气口,发动机进水,车厢浸泡

10.7　城市内涝调研方法

10.7.1　城市内涝调研工作内容

城市内涝调研工作内容包括:确定城市内涝点,对城市内涝点进行实地调查;将内涝点水浸资料与附近自动气象站雨量观测数据对比分析。通过城市内涝调研工作,制作内涝点暴雨灾害风险及防御明白卡,有助于全面掌握城市内涝点暴雨灾害的致灾因子危险性、孕灾环境、暴露性、承灾体脆弱性和防灾减灾能力,对城市内涝灾害风险评估和灾害防御具有重要作用。内涝点暴雨灾害风险及防御明白卡内容包括:

(1)内涝点所处的行政区域、面积、居住人口、主要产业和地理地形等基本信息。

(2)当地排水管网状况。

(3)致灾风险等级。

(4)导致水浸的最小降雨量。

(5)主要易涝点。

(6)暴雨危险源。

10.7.2　城市内涝调研工作方法

（1）城市内涝点基本信息

使用 gloole 地图、广州市三维地图等工具，对内涝点的地理位置，地形地势等进行初步调查分析。然后对在地图上获得的有关信息进行核对，如经纬度、海拔高度等。受灾面积通过分析地形地貌大概估算。居住人口也是采用大概估算法，但对人口集聚和流动性大的地方，如地铁出入口、车站、BRT 站、商业旺地等要有充分的估计。主要地段分为学校、商业繁华地、交通要道、居民小区、车站等。

（2）当地排水网管状况

主要通过走访水务部门获取有关资料。也可以通过互联网查找有关内涝点水浸情况和排水管道、道路整改的报道。实地考察排水网管状况，内涝点附近一般都有积水出口的河涌，要重点考察与其相连河涌的沿途情况。

（3）致灾风险等级

致灾风险等级确定主要考虑水浸点及附近人群密集程度和以往积水深度等因素。要充分考虑地铁出入口、BRT 站等流动人口密度大的地方，在水浸发生时可能出现的混乱情况。另外，处于交通要道、特别是交通主要干线上的水浸点，一旦出现水浸将导致交通堵塞，甚至造成城市交通瘫痪。

（4）导致水浸的最小降雨量

导致水浸的最小降雨量确定主要根据水务部门提供的水浸点水浸深度记录和附近自动气象站雨量记录对比分析。不同水浸点达到水浸的深度不同，居民点主要考虑水浸后是否影响市民出行，而交通要道等主要考虑汽车能够顺利通过的最高水位。

（5）主要易涝点

在水浸点影响区域内容易出现水浸的地方，一般位于地势比较低洼处，或是积水不容易排出处。主要根据水务部门提供的水浸记录和实地考察来确定。

（6）暴雨危险源

暴雨危险源是实地调查的重点。水浸点及附近的电气设备一旦漏电将造成伤亡等重大事故，是否有危房也要注意。在人口密集地方，特别是流动人口多的地方，排水管道入口是极其危险的危险源，广州天河客运站曾发生过由于外来人员不熟悉水下复杂情况而掉入排水管道入口导致死亡的重大事故。停车场地，特别是地下停车场容易遭水浸，很可能是漫顶水浸。另外珠江岸边低洼地区停车场在暴雨和天文潮重叠时也容易遭水浸。

10.8　广州市城市内涝灾害风险评估业务系统

广州市城市内涝灾害风险评估业务系统依托高分辨率的地理信息数据和 GIS 技术，基于城市内涝易涝点致灾临界降水指标、城市积涝淹没模型、城市内涝风险等级划分指标，应用自动气象站网监测的雨量数据、雷达定量估测降水信息、多种预报方法提供的精细化定量降水预报产品等，建立城市内涝灾害风险评估业务系统，实现对广州市中心城区内涝灾害的风险评估和灾害预警。

　　系统具有：数据库管理、监测预警、淹没模型分析、风险评估、产品制作等功能模块。实现了降水实况资料和预测资料的自动采集，中心城区易涝点0~3 h内涝灾害风险自动评估；中心城区0~3 h内涝灾害风险评估；分区内涝灾害风险评估产品制作等功能。

10.9　实例

　　2011年10月13—14日广州市中心城区内涝风险评估

　　摘要：受高空槽影响，10月13—14日广州市出现大暴雨局部特大暴雨，全市有5个镇街录得特大暴雨的降水，最大日降水量达319.7 mm，最大1 h降水量为85.3 mm，重现期为20年一遇；这次强降水过程是2011年最强降水，也是广州市30年10月份同期最强的降水，具有时间长、范围广、强度强的特点。根据广州市城市内涝灾害风险评估结果，此次强降水过程造成广州市越秀区和天河区发生较重的城市内涝，部分路段交通可能被阻断，地势较低的居民住宅小区、沿街商铺和地下停车场可能遭到水浸。

10.9.1　降水实况与趋势分析

　　受高空槽影响，13日白天以来，广州市自北向南出现了强降水天气。根据全市气象站网监测数据，13日08时—14日07时，广州市出现大暴雨局部特大暴雨，主要的强降水时段出现在13日下午到14日凌晨。全市共有5个镇街录得特大暴雨(≥250 mm)的降水，有108个镇街录得大暴雨(≥100 mm 小于250 mm)的降水，有32个镇街录得暴雨(≥50 mm 小于100 mm)的降水(见图10.3)。最大降水量出现在广州第五中学，达319.7 mm(特大暴雨)；广大附

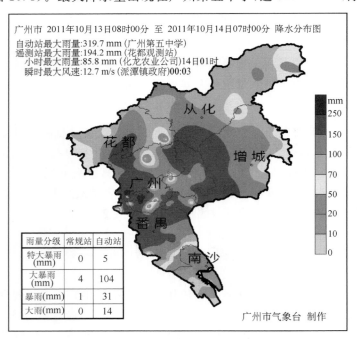

图10.3　广州市2011年10月13日08时—14日07时降水量

中、华师附中、东湖街和天河区天河自动站也分别录得 298.1 mm、276.4 mm、257.7 mm 和 256.6 mm 的特大暴雨降水。广州观象台（萝岗）录得 141.6 mm 的大暴雨降水。

10.9.2　降水过程自评估分析

这次强降水过程是 2011 年最强降水，也是广州市 30 年 10 月份同期最强的降水，具有时间长、范围广、强度强的特点。其中广州大学城站 14 日 00 时最大 1 h 降水量为 85.3 mm，重现期为 20 a 一遇，未超过 2010 年 5 月 7 日广州市最大 1 h 降水量的记录（99.1 mm）。

10.9.3　基于致灾临界降水指标的城市易涝点风险评估

基于 10 月 13 日 08 时—14 日 07 时广州市中心城区区域自动站实测降水量、雷达估测雨量（QPE）和易涝点致灾临界降水指标，对广州市中心城区易涝点进行风险评估（图略）。根据风险评估结果，此次强降水过程可能造成广州市中心区 40 处易涝点出现高风险内涝灾害，104 处易涝点出现中风险内涝灾害。

10.9.4　基于内涝淹没模型的城市内涝灾害风险评估

基于广州中心城区区域自动站实测降水量，采用广州市中心城区积涝淹没模型对 10 月 13 日强降水过程造成的城市内涝进行了风险评估模拟，结果显示：根据风险评估结果，此次强降水过程可能造成广州市 90 处地段出现积水，其中 35 处为高风险（积水深度超过 60 cm），34 处为中风险（积水深度 20～60 cm），21 处为低风险（积水深度 10～20 cm）。高风险城市内涝灾害地段主要分布在越秀区和天河区。根据广州市易涝点风险评估结果和城市内涝灾害评估结果，评估 10 月 13—14 日的暴雨过程对广州市越秀区和天河区影响较重，根据不同易损性承灾体的不同风险等级判别标准，评估越秀区和天河区的部分路段交通可能被阻断，地势较低的居民住宅小区、沿街商铺和地下停车场可能遭到水浸。

10.9.5　评估产品检验

根据排水管理中心数据和新闻媒体报道统计：本次降水过程造成中心城区出现大面积积涝，其中越秀区、天河区和荔湾区内涝灾害较重。中心城区共有 32 个点出现高风险内涝，风险评估准确率为 76%；有 60 多个点出现中风险内涝。风险评估准确率为 70%。

通过模拟结果与收集到的实际内涝点分析比较发现，模型在大部分地区尤其是越秀区和天河区模拟结果与实际灾情较为符合。但由于珠江潮水的顶托作用，不利于下水道泄洪，可能增大了暴雨带来的影响。

参考文献

广州年鉴社. 1984. 广州年鉴.

郭常安，邓立鸣. 2011. 广州市中心城区内涝分析及对策. 中国给水排水，**5**：25-28.

胡伟贤，何文华，黄国如等. 2010. 城市雨洪模拟技术研究进展. 水科学进展，**21**(1)：137-144.

李蝶娟，金管生，崔信民等. 1986. 一般性产流模型的应用. 海河水利，**3**：37-45.

刘兆存，金生，韩丽化. 2007. 国内流域产汇流模型与应用分析. 地球信息科学，**9**(3)：96-103.

阮小燕,邱维. 2010. 广州市猎德涌流域内涝成因及对策. 中国给水排水,**4**:18-21.

文康,李蝶娟,金管生等. 1982. 流域产流计算的数学模型. 水利学报,**8**:1-12.

伍家添. 2010. 广州市中心城区"水浸街"成因分析及治理措施. 广东水利水电,**9**:19-21.

徐向阳. 1998. 平原城市雨洪过程模拟. 水利学报,**8**:34-37.

张维,欧阳里程. 2010. 广州城市内涝成因及防治对策. 广东气象,**3**:49-50.

中华人民共和国建设部. 2001. 城市排水工程规划规范(GB50318—2000).

中华人民共和国建设部. 2006. 室外排水设计规范(GB50014—2006).

朱冬冬,周念清,江思珉. 2011. 城市雨洪径流模型研究概述. 水资源与水工程学报,**3**:132-137.